国家“十一五”科技支撑计划子课题《传统村落保护与更新关键技术研究》（2006BAJ04A03-01）研究成果：

传统村镇
保护发展规划控制技术指南与保护利用技术手册

国家“十一五”科技支撑计划子课题《传统村落保护与更新关键技术研究》研究组：
张杰　张军民　霍晓卫等　著

中国建筑工业出版社

图书在版编目（CIP）数据

传统村镇保护发展规划控制技术指南与保护利用技术手册/
张杰等著．—北京：中国建筑工业出版社，2012.7
ISBN 978-7-112-13519-6

Ⅰ.①传… Ⅱ.①张… Ⅲ.①乡镇－文化遗产－保护－研究－中国 Ⅳ.①TU982.29

中国版本图书馆CIP数据核字（2011）第174520号

责任编辑：施佳明
责任设计：陈 旭
责任校对：刘梦然 刘 钰

国家“十一五”科技支撑计划子课题《传统村落保护与更新关键技术研究》（2006BAJ04A03-01）研究成果：

传统村镇保护发展规划控制技术指南与保护利用技术手册

国家“十一五”科技支撑计划子课题《传统村落保护与更新关键技术研究》研究组：
张杰 张军民 霍晓卫等 著

*

中国建筑工业出版社出版、发行（北京西郊百万庄）
各地新华书店、建筑书店经销
华鲁印联（北京）科贸有限公司制版
北京云浩印刷有限责任公司印刷

*

开本：880×1230毫米 1/32 印张：$6\frac{1}{8}$ 字数：168千字
2012年8月第一版 2012年8月第一次印刷
定价：35.00元
ISBN 978-7-112-13519-6
（21302）

内容提要

我国有数以万计的村镇，保存着丰富的历史文化资源，随着第五批中国历史文化名镇、名村名单的公布，传统村镇作为我国文化遗产保护工作的重要内容，其方法、技术的科学化、规范化显得愈来愈重要。本书内容是国家“十一五”科技支撑计划课题《既有村镇住宅改造关键技术研究》第一子课题《传统村落保护与更新关键技术研究》（2006BAJ04A03-01）的两项重要研究成果，分别为：1. 传统村镇保护与发展规划控制技术指南。针对我国传统村镇保护与建设的控制技术薄弱的现状，立足不同地形地貌、文化背景的村镇保护实际，通过实地调研，从物质文化遗产保护、非物质文化遗产保护、有效利用发展等方面进行传统村镇的保护与建设的规划控制技术研究，以有效指导我国传统村镇的科学保护和合理更新。2. 传统村镇保护与利用技术手册。针对我国不同地域传统村镇的特点，通过典型传统聚落的调查，研究不同类型传统村镇的形成、发展的特点和基本规律，提出不同类型传统村镇保护利用技术、控制原则和发展指导。本书适合传统村镇保护与发展领域的研究技术人员、文化遗产保护工作者、各级管理者阅读，也可供高等院校城市规划与设计单位的师生参阅。

目 录

上　篇

传统村镇保护与发展规划控制技术指南

1 我国传统村镇保护与利用现状

1.1 传统村镇保护发展概述

1.1.1 国际相关工作与研究进展

1.1.1.1 保护发展进程

历史文化名镇（名村）是遗产保护体系的组成部分，为加强对它们的保护，国际古迹遗址理事会（ICOMOS）1975年就通过了《关于保护历史小城镇的决议》，1982年通过了《关于小聚落再生的特拉斯卡拉（Tlaxcala,墨西哥）宣言》，1999年又出台了《关于乡土建筑遗产的宪章》。截至2003年，在联合国教科文组织公布的世界文化遗产中，以镇（Town）和村（Village）命名的已达34处。联合国教科文组织亚太办事处还提出，21世纪保护重点将从官方建筑转移到民间建筑。不难看出，历史小城镇、村落的保护已逐渐成为国际遗产保护领域关注的热点问题之一。

1.1.1.2 保护技术研究

1. 关于遗产保护与利用规划研究

Pendlebury（1999）[1]认为，应从传统建筑保护、城市形态保护、视觉管理三个方面来研究历史城镇的保护，并以英国泰恩河保护区内的Grainger城镇为案例进行了实证研究。Kozlowski和Vass-Bowen（1997）[2]从城市规划者的角度探讨了遗产保护区如何减缓

[1] John Pendlebury. The Conservation of Historic Areas in the UK: A Case Study of "Grainger Town" [J]. Cities, 1999 (16): 423-433.

[2] J. Kozlowski and N. Vass-Bowen. Buffering External Threats to Heritage Conservation Areas: a Planner's Perspective. Landscape and Urban Planning, 1997(37): 245-267.

外部冲突的问题，认为缓冲区规划（buffer zone planning, BZP）是解决建筑遗产保护的有效措施。Marinos（2003）[1]探讨了法国在历史遗产保护方面的理论和方法，论述了法国遗产保护中的“历史保护区”和“建筑、城市与风景历史遗产保护区（ZPPAUP)”的产生背景及其在保护中发挥的作用。Larkham（2003）[2]对1942年到1952年间英国城镇保护中的重建计划进行了分析，探讨了“保存”（preservation）与“保护”（conservation）概念的差异，认为“保存”注重保持结构的完整性，而“保护”则意味着更宽泛的含义，包含利用、再利用、改造等。

2. 关于聚落和乡土建筑遗产的保护研究

西方学者对乡土建筑的研究注重运用多学科、多方法从多角度进行研究，文化人类学、历史学、社会学、现象学等均有应用。Rapoport对世界范围内的一些小聚落进行了调查，认为社会文化是住屋和聚落形态的决定性因子，而气候、材料、构筑和技术等则只是修正性因子。藤井明（2003）[3]、原广司（2003）[4]进行了聚落的实地调查和理论研究。Saleh（2001）[5]研究了沙特阿拉伯南部乡土村落中建筑和村落形态的变迁，认为这些村落存在着乡土建筑与现代建筑的冲突，原有村落形态和乡土建筑在现代化和外来文化的冲击下发生了不同程度的衰退，提出在乡土建筑改造和建设新建筑过程中，应运用心理学、人类学等方法，将地方的生态、经济、社会和文化等因素进行融合。

[1] Alain Marinos and Zhang Kai. Practice in Reappearance of the Value of Urban Cultural Heritage in France. 《Time + Architecture》, 2000(3).

[2] Peter Larkham. The Place of Urban Conservation in the UK Reconstruction Plans of 1942–1952. Planning Perspectives, 2003(18): 295-324.

[3] 藤井明（日）. 聚落探访[M]. 北京：中国建筑工业出版社，2003.

[4] 原广司（日）. 世界聚落的教士100[M]. 北京：中国建筑工业出版社，2003.

[5] Saleh MAE. The Decline Vs the Rise of Architectural and Urban Forms in the Vernacular Villages of Southwest Saudi Arabia[J]. Building and Environment, 2001(36).

1.1.2 我国传统村镇保护发展现状

1.1.2.1 保护发展进程

20世纪80年代初，阮仪三主持开展了江南水乡古镇的调查研究及保护规划的编制，开创了我国传统村镇保护研究的先河，为以后各学科开展相关研究积累了宝贵的经验。1986年，国务院公布了第二批国家级历史文化名城，并首次提出："对文物古迹比较集中，或能较完整地体现某一历史时期传统风貌和民族地方特色的街区、建筑群、小镇、村落等予以保护，可根据它们的历史、科学、艺术价值，核定公布为地方各级'历史文化保护区'"。自此不少地方政府如江苏、浙江等省市开始加强对历史文化名镇的保护，周庄、同里、乌镇等一些古镇脱颖而出，逐步拉开了我国历史文化名镇保护的序幕。

20世界90年代初期起，建筑领域的学者也开始关注传统村镇的保护，分别从聚落景观、乡土建筑、民居改造等方面着手。彭一刚关于传统村落聚落景观的研究，单德启关于贫困地区居民集落改造的研究，陈志华组织的楠溪江中游古村落乡土建筑的调查研究，都是这个时期的代表作。20世界90年代中期，地理学者也对历史文化村镇的研究产生了兴趣，开展了古村落空间意象等内容的系列研究。

此后，国家文物局陆续将一批村落中的古建筑群列为全国重点文物保护单位，加强了传统村镇的保护。2000年，皖南古村落西递、宏村成功申报为世界文化遗产，再次提升了传统村镇在文化遗产保护领域里的地位。2002年，新修订的《中华人民共和国文物保护法》中提出要对"保存文物特别丰富并且具有重大历史价值或者革命纪念意义的城镇、街道、村庄"进行保护，首次明确了传统村镇的法定保护地位。2003年建设部和国家文物局联合公布了第一批22个中国历史文化名镇（名村），标志着历史文化村镇保护制度的基本建立，预示着我国历史文化村落的保护和发展进入了一个崭新的阶段。此后，2005、2007、2009、2010年先后四批公布，中国历史文化名镇、名村的保护名单不断扩充，截至目前，中国历史文化名镇、名村的数量已达350个。

除了历史文化名镇名村以外，中国还拥有很多具有保护价值、但还未公布为历史文化名镇名村的传统村镇，它们同样需要进行系统和全面的保护与发展规划。

1.1.2.2　概念辨析

保护我国的传统村镇，首先需要明确几个概念：传统村镇、历史文化名村名镇、中国历史文化名村名镇等。

传统村镇，是指具有历史遗存、非物质文化遗产、传统格局特征、历史风貌特征的历史村落。

历史文化名镇、名村，是指“文物古迹比较集中，或能较完整地体现某一历史时期传统风貌和民族地方特色”的传统村镇，是传统村镇中的优秀案例。能够成为历史文化名镇、名村需要申报评定。申报历史文化名镇、名村，由所在地县级人民政府提出申请，经省、自治区、直辖市人民政府确定的保护主管部门会同同级文物主管部门组织有关部门、专家等进行论证，提出审查意见，报省、自治区、直辖市人民政府批准公布。

国务院建设主管部门会同国务院文物主管部门在已批准公布的历史文化名镇、名村中，选择具有重大历史、艺术、科学价值的，确定为中国历史文化名镇、名村。

传统村镇、历史文化名镇、名村以及中国历史文化名镇、名村三个概念从外延来看是层层包括的关系，传统村镇外延最大。但是从历史文化价值的角度来看则逐步增大，中国历史文化名镇名村价值特色最为突出，保护的复杂性也最大。

1.1.2.3　保护与利用技术研究

目前已有的保护规划技术研究主要包括从历史文化村镇保护与

发展的相互关系、保护规划设计以及保护对策措施、模式机制等方面的内容。

1．保护与利用规划设计研究

保护规划在历史文化村镇中扮演着重要的角色，许多学者针对保护规划的原则、内容、方法展开了研究探讨。

阮仪三（1996，1999）[1][2]介绍了江南水乡古镇保护与规划的内容，以周庄为例探讨了保护规划应涉及的保护与更新方式以及风貌整治（包括建筑整治、空间整治、绿化整治）、设施改造等内容。吴晓勤（2001）[3]、田利（2004）[4]分别以皖南古村落和浙江省二十八都镇为例探讨了保护规划的原则和方法，认为保护规划应坚持真实性、整体性、完整性和动态保护、公众参与、改善生活以及注重发展、适当优先的原则，保护规划的内容应包括分析价值特点、制定保护框架、突出保护特点、划定保护层次及控制范围、明确保护发展的使用及限制要求，以及环境风貌整治及旅游发展规划等。王雅捷（2001）[5]以徐州市户部山为例，对城市设计应用于传统民居保护区保护规划中的理论与发展进行了探讨。朱光亚（2002）[6]针对古村镇保护规划的若干问题展开了探讨，包括保护规划的切入点、保护古镇的行为主体、老房子的维修使用原则以及新区新建筑的风貌定位等问题。赵勇（2004）[7]对历史文化村落保护的原则、内容和方法进行了系统研究。

2．保护与发展的对策措施研究

李晓峰（1996）[8]运用现代生态学理论中系统与平衡、循环与

---

[1] 阮仪三，邵甬．江南水乡古镇的特色与保护[J]．同济大学学报，1996 (1).

[2] 阮仪三，邵甬．精益求精返璞归真——周庄古镇保护规划[J]．城市规划，1999 (7).

[3] 吴晓勤，陈安生，万国庆．世界文化遗产——皖南古村落特色探讨[J]．建筑学报，2001 (8).

[4] 田利．廿八都镇保护规划的实践与思考[J]．规划师．2004 (4).

[5] 王雅捷．城市设计在传统地区保护规划中的应用——以户部山传统民居保护区规划为例[J]．北京规划建设，2001 (3).

[6] 朱光亚．古村镇保护规划若干问题讨论[J]．小城镇建设，2002 (2).

[7] 赵勇，崔建甫．历史文化村镇保护规划研究[J]．历史文化村镇保护规划研究，2004 (8).

[8] 李晓峰．从生态学观点探讨传统聚居特征及承传与发展[J]．1996 (4).

再生以及适应与共生三方面观点和方法，对中国传统聚落环境系统的结构与功能、环境观念和环境资源利用特点进行了探讨，构建了聚落生态系统结构，认为按照生态控制论原理来控制聚落发展，是解决文化传承和持续发展的有效途径。朱光亚（1998）[1]通过对安徽省呈坎村和浙江省永昌堡两个古村落保护案例进行研究，认为发展是古村落生存的基本形式，古村镇保护必须面对生产方式和经济内容等若干发展问题，要解决好古村落的消防、道路桥梁运输、住宅新建以及青少年保护教育等问题。阮仪三（1999）提出对周庄古镇的保护发展要处理好保护与更新的关系和旅游与生活的关系；对古镇区的建筑及空间整治应采取保留、保护、改善和更新等不同的保护与更新方式，对古镇区的风貌整治则主要包括建筑整治、空间整治和绿化整治等内容。朱晓明（2000）[2]探讨了古村落的土地整理问题，围绕传统民居建筑的宅基地使用及明晰房屋产权提出了相应的对策。赵万民（2001）[3][4]从山地人居环境学的角度对重庆市酉阳县龚滩和龙潭古镇的保护与发展进行了探讨，提出对山地环境、城镇形态和建筑空间进行有机整合和保护修复的措施，研究如何促进酉阳土家族民族文化和乡土建筑的保护工作。孙斐等（2002）[5]探讨了苏南水乡村镇传统建筑景观保护的原则和措施。宋乐平（2002）[6]从古镇风貌、环境发展的角度探讨了古镇周庄河道水体保护和水污染控制规划。汪森强（2003）[7]作为宏村居民，从一个古村落居民的角度论述了古村落生态环境保护，新区开发，老

[1] 朱光亚，黄滋．保护与发展的矛盾冲突及其统筹规划——古村落保护问题探讨及其他[A]．中国文物学会传统建筑园林委员会第十一届学术研讨会论文集[C]，1998.

[2] 朱晓明．试论古村落的土地整理问题[J]．小城镇建设，2000 (5).

[3] 赵万民，韦小军，王萍，赵炜．龚滩古镇的保护与发展——山地人居环境建设研究之一[J]．华中建筑，2001 (2).

[4] 赵万民，许剑锋，段炼等．龙潭古镇的保护与发展——山地人居环境建设研究之二[J]．华中建筑，2001 (3).

[5] 孙斐，沙润，周年兴．苏南水乡村镇传统建筑景观的保护与创新[J]．人文地理，2002 (17).

[6] 宋乐平，张大鹏，谢丽，周琪．周庄镇水污染控制规划实例[J]．给水排水，2002 (10).

[7] 汪森强．历史与现代的共生——世界文化遗产宏村保护与利用综合分析[J]．小城镇建设，2003 (4).

房子保护维修，新房子建设整治，古村落水系、路巷维修和村庄卫生治理，以及景观规划和旅游规模控制等问题。孔岚兰（2003）[1]认为古村落保护目前存在三种不同的观点，即绝对保护观、自然发展观和保护建设观。张永龙（2003）[2]以湖南省里耶镇为例，探讨了古镇历史建筑保护、历史环境保护的方法，认为在保护中要树立发展的、以人为本的和传承文化的观点。李和平（2003）[3]通过对重庆市涞滩古镇保护的实证研究，探讨了山地历史城镇的整体性保护方法。李泽新（2003）[4]以重庆市铜梁县安居山地历史城镇为例，提出按照城镇风貌、历史文化街区和重点建筑三个层次进行保护的方法。

但是，我国目前已形成的传统村镇保护与利用技术体系，未能对传统村镇进行科学分类并制定相应的保护规划与利用方式，存在着较大缺陷。

1.2 传统村镇保护与利用现行制度框架与技术体系

1.2.1 制度框架

我国目前针对传统村镇保护的制度包括国际性公约、法律法规与地方规章几个层次，其中国际性公约包括《保护世界文化和自然遗产公约》、《保护非物质文化遗产公约》，法律包括《中华人民共和国城乡规划法》与《中华人民共和国文物保护法》，行政法规包括《历史文化名城名镇名村保护条例》，以及地方政府制定的针对历史文化村镇保护的规章。这些制度并不提出对传统村镇保护的规划控制具体要求，但是对不同保护级别的传统村镇明确了制度

[1] 孔岚兰．古村落的现状不容乐观[J]．城乡建设，2003 (9).
[2] 张永龙．里耶镇历史街区建筑和环境保护的思考[J]．中国园林，2003 (11).
[3] 李和平．山地历史城镇的整体性保护方法研究——以重庆涞滩古镇为例[J]．城市规划，2003 (12).
[4] 李泽新．从安居看山地历史城镇的保护与发展[J]．规划师，2003 (2).

约束等级。比如列入世界文化遗产名录的西递宏村需要遵从公约的要求，被选为历史文化名村名镇或者中国历史文化名村名镇的村镇需要满足《历史文化名城名镇名村保护条例》的制度要求，以“传统村落古建筑群”为名目选为各级文保单位的需要满足《文物保护法》的要求，一般的传统村镇的保护则需要满足《城乡规划法》的法律要求。

此外，2005年10月，党的十六届五中全会通过的《中共中央关于制定国民经济和社会发展第十一个五年规划的建议》中指出，“建设社会主义新农村是我国现代化进程中的重大历史任务”，要按照“生产发展、生活宽裕、乡风文明、村容整洁、管理民主”的要求，坚持从各地实际出发，尊重农民意愿，扎实稳步推进新农村建设。

由此可见，社会主义新农村建设与未被命名为历史文化名镇名村的传统村镇的保护与利用，有着密不可分的关系：首先，对未被命名为历史文化名镇名村的传统村镇的保护与利用，有效地推动着社会主义新农村的建设；其次，社会主义新农村的建设也促进了未被命名为历史文化名镇名村的传统村镇的有效保护与利用；最后，社会主义新农村建设与未被命名为历史文化名镇名村的传统村镇的保护与利用互相影响、相得益彰。

1.2.2　技术体系

《历史文化名城保护规划规范》（GB 50357—2005）是2005年颁布施行的国家规范，主要是针对我国历史文化名城保护规划编制提出的规范性内容。规范中明确提出“非历史文化名城的历史城区、历史地段、文物古迹的保护规划以及历史文化村、镇的保护规划可依照本规范执行”，因此规范中的部分保护规划概念与编制技术也适用于历史文化村镇，尤其是历史文化街区的保护部分对于历史文化村镇的保护具有很大的参考价值。如：对建设控制地带等保护区划概念的界定；对历史建筑、历史环境要素等保护对象概念的界定；对保护修缮维修改善等建筑保护措施的概念界定；历史文化街区保护区划的划定要求；历史文化街区内建（构）筑物的分类保护与整治措施等。在2008年《历史文化名城名镇名村保护条例》颁布之前，《历史文化名城保护规划规范》是我国传统村镇尤其是历史文化村镇编制保护规划的直接可参考对象，甚至在《条例》颁布后尚未出台新的保护规划技术要求的时期内该规范也还会对全国各地区传统村镇的保护规划编制起到很大的指导作用。

《中国文物古迹保护准则》及《关于〈中国文物古迹保护准则〉若干重要问题的阐述》是2002年由国际古迹遗址理事会中国委员会制定的，在中国文物保护体系的框架下，对文物古迹保护工作进行指导的行业规则和评价工作成果的主要标准，也是对保护法规相关条款的专业性阐述，同时可以作为处理有关文物古迹事务时的专业依据。对于我国传统村镇中以“村落古建筑群”列入各级文物保护单位的优秀个例，以及传统村镇中的各级文保单位，《准则》及《阐述》是指导其保护工作的重要技术标准。

《准则》中第二章“保护程序”中要求“文物古迹的保护工作分为文物调查、评估、确定各级文物、制定保护规划、实施保护规划、定期检查规划六步”（第9条）。

第三章“保护原则”中提出“必须原址保护”、“尽可能减少干预”、“定期实施日常保养”、“保护现存实物原状与历史信息”、“正确把握审美标准”、“保护文物环境”、“已不存在的建筑不应重建”等重要原则。

第四章“保护工程”中对“日常保养”、“防护加固”、“现状修整”、“重点修复”四类文物古迹修缮工程进行具体工程措施的界定。

《阐述》中则有进一步的说明，除了共性问题之外，还多处提到关于历史村镇的内容，如对文物古迹必须具有历史真实性的阐述中指出“历史街区（村镇）必须在整体上具有历史风貌，当代增减或改动的比重所占很小”（2.2.2），对利用文物古迹价值的阐述中要求“充分发挥文物古迹在城市、乡镇、社区中特殊的社会功能，使其成为某一地区中社会生活的组成部分，或该地区的形象标志”（4.1.5），对文物保护规划的要求阐述中指出“历史文化村镇的保护规划中应当突出的是重点地段、重点建筑的保护措施，依据允许更新改造的范围和要求”（9.4）。

《条例》对历史文化名城名镇名村的申报、批准、规划、保护等方面做出了相应规定，但在历史文化名镇名村保护规划的具体编制、保护管理等方面还需进一步深化。有鉴于此，2007年建设部委托清华大学建筑学院组成课题组进行《历史文化名镇名村保护规划编制办法》的专项研究。研究重点包括保护规划的编制要求、编制内容、成果要求等，还包括对历史村镇文化遗产的调研评估深度及保护措施。经过近两年的研究，《编制办法》已基本完成并通过住房和城乡建设部组织的专家评审，公布实施之后必将成为历史文化名镇名村保护统一的技术标准，对提高规划编制技术水平、推动保护规划的规范化具有重要意义。

中国传统村镇数量众多，情况各有不同，但是现有的传统村镇保护与利用技术体系主要针对历史文化名镇名村，对于同样具有历史文化价值但未被命名为历史文化名镇名村的传统村镇不具备有效的技术指导性。

1.3 保护规划与利用技术存在的主要问题

1.3.1 缺乏具有普适性的标准规范

目前我国已有的传统村镇保护规划技术标准只针对遗产价值非常突出的典型村镇，如《中国文物古迹保护准则》严格意义上仅针对传统村镇中的文物保护单位或者已申报为“村落古建筑群”的传统村镇。再如《历史文化名镇名村保护规划编制办法》中指出“历史文化名镇、名村保护规划的编制工作，应当依照本办法执行”，也就是说实际上该技术标准的指导对象基本仅限于已公布为中国历史文化名镇名村的传统村镇以及地方上拟申报中国历史文化名镇名村的传统村镇，目前仅包括五批共181个中国历史文化名镇和169个中国历史文化名村。虽然《历史文化名城保护规范》中有提到“非历史文化名城的历史城区、历史地段、文物古迹的保护规划以及历史文化村、镇的保护规划可依照本规范执行”;《编制办法》中也指出“其他具有历史文化价值的村镇，保护规划的编制工作可以参照本办法执行”，但实际操作过程中，因为这些技术规范或标准的内容过于系统，各保护内容或要求之间多有穿插，不同保护对象或者保护措施拆分使用要求不明确，因此对于具有历史文化价值的一般传统村镇不具备有效的技术指导。而事实上对于这些一般传统村镇的保护提出规划要求的意义非常深远，因为按照目前的申报速度，能够成功申报中国历史文化名镇名村的传统村镇所占比例微乎其微。

由此看来，对于传统村镇特别是未被命名为历史文化名镇名村的传统村镇进行科学分类，并进行相应的系统和全面的保护规划利用是十分必要的。

1.3.2 缺乏案例实践检验

我国地域广大、历史悠久，传统村落类型众多，具有不同的地缘特点、不同的文化遗产类型，经济发展水平也不尽相同，保护与发展的矛盾冲突程度不一，这就对规划技术的可行性提出较高要求。

因为多种原因，目前已形成的保护规划技术体系较少投入实际应用，当务之急是结合大量的传统村镇保护规划实践，对保护规划技术进行实践检验，检验这些技术针对不同地区、不同遗产类型与留存情况村镇的兼容性。因此本课题的研究必须将保护规划技术体系用于实践检验，让技术体系从实践中来，到实践中去。

2　传统村镇保护与发展规划控制技术

2.1　传统村镇保护与利用对总体规划提出的技术要求

现行城乡规划法律法规与技术规范中，对于传统村镇保护的技术性要求很少。仅在针对历史文化名城名镇名村的专项保护规划规范中有具体规定。即便是在历史文化名城保护规划中，对于名城行政区划范围内的一般性传统村镇也并不要求进行全面系统的研究。保护传统村镇，一方面要对已入选的、价值突出的历史文化名镇名村进行保护，另一方面更是要对一般村镇历史文化内涵进行挖掘整理，提出切合实际的保护技术。从规划层面来讲，首要工作是完善总体规划层面的传统村镇保护技术要求，也包括历史文化名城保护规划中对名城行政区划范围内一般性传统村镇的保护技术要求。

2.1.1　对村镇宏观聚落结构进行保护

我国农耕社会文明发育程度高，社会管理制度完善。早在三代时期，我国就在礼文化的政治体制下逐步形成了以分封、赋税为基础的国、野一体的城乡体系[1][2][3]，《周礼》对此予以了系统描述。《天官冢宰》开篇说："惟王建国，辨方正位，体国经野。""体国"就是按照《考工记》营城制度对"国"进行规划，"经野"则是按照三等采地和井田制对整个"国"之外的"野"进行规划。贺业钜[4]把这样的国野体系称为"建立在以城为中心连同周围田地

[1] 卜工．文明起源的中国模式[M]．北京：科学出版社，2007.
[2] 邹昌林．中国礼文化[M]．北京：社会科学文献出版社，2000.
[3] 贺业钜．考工记营国制度研究[M]．北京：中国建筑工业出版社，1985.
[4] 贺业钜．考工记营国制度研究[M]．北京：中国建筑工业出版社，1985.

所构成的城邦国家”。在此体系中，“国”由八“乡”组成，其中二乡在城内，六乡在四郊，直接由王或侯管理。“野”有六“遂”组成，在郊外，又分为甸、稍、县、都。郊内的社会组织分为比、闾、族、党、州、乡，而野则分为邻、里、酂、鄙、县、遂[1]。在军事上，国以城郭为固，而畿外之野则以险为阻，共同构成防御体系。这种严密的城乡社会组织必然反映在城乡整体规划和建设上，形成完整的人居环境体系。秦汉以后中国两千多年的封建社会总体上继承了西周这一整套礼制制度的主要内容，使古代中国城市及其周边区域呈现高度的体系性，明显有别于其他文化。[2]简而言之，在我国具有一定历史的城市周围，尤其是历史文化名城周边地区，存在很复杂的聚落结构，这些古村镇现在仍大量存在，村庄名称及位置大多沿袭至今，村内道路部分仍为原有历史性道路或为原历史性道路的线位。通过对这些聚落中城、镇、村的研究，佐以史书方志，能够对不同朝代的城乡管理体系、城乡交通进行解读。

对宏观传统聚落结构的保护必须从总体规划着手，避免对一村一镇的片段认识与片段保护。具体技术要求体现在城镇总体规划尤其是历史悠久文化积淀深厚的城镇总体规划或者名城保护专项规划中，具体包括：①资料收集阶段，要求收集规划范围内历朝历代城乡管理体系的地方志等史料记载；②分析图纸中增加该城市历朝历代管理归属变迁，增加区域发展鼎盛朝代时的城乡管理体系分析图，并在说明书中增加相应的文字描述；③城镇体系规划或村镇体系规划中，适当考虑对宏观聚落结构保护的要求，避免聚落结构的剧烈变化，适当考虑避免对在传统城乡管理体系中较重要的村庄的撤并等。

[1] 李学勤．周礼注疏[M]．北京：北京大学出版社，1999．

[2] 张杰，邓翔宇．论聚落遗产与文化景观的系统保护[J]．城市与区域规划研究，2008 (1).

2.1.2 对文化线路涉及到的村镇进行保护

文化线路是对历史文化遗产保护的一种新思路。近年来在中国文化遗产保护领域逐步得到重视。这一概念的提出实际上是以人类交流和文化传播的通道为线索，将沿途不同尺度、不同类型的遗产整合在一起，从整条线路的角度，来理解包括城市、地区、村镇等在内的每个元素的历史文化价值。中国幅员辽阔，民族众多，历史悠久。在千百年的历史发展过程中积累的丰富的文化线路遗产，是见证中国五千年文明史的文化长河，是展示中华传统文化的百科全书[1]。基于自身的地域与文化背景，中国的文化线路具有尺度较大、类型多样的特征，包括商旅、迁徙、宗教等各种题材，与之相关的文化事件内涵丰富、构成复杂。如丝绸之路、大运河以及茶马古道。其中前两者已进入了中国申报世界文化遗产的预备名单。除此之外我国还拥有大量的文化线路遗产，比如结合历史地理中交通历史地理的研究进行简单梳理就可以发现诸如秦汉邮驿之道、魏晋南北朝时期南北水路、唐代五台山进香道、金牛驿道、剑门蜀道、清代帝王拜谒祖陵之路、明代戍边军事防御线路等非常丰富的题材。在这些文化线路涉及的单个遗产内容中，传统村镇是非常重要的一个类型。如果忽略对这些线路节点的传统村镇的保护，就可能会降低整条文化线路的遗产价值，造成不可估量的损失。

从保护文化线路的角度来保护相关传统村镇，也应该从总体规划的层面出发，具体技术要求包括：①资料收集阶段要增加对规划范围所涉及的文化线路的资料的收集，如商贸运输、宗教朝拜、人口迁移等；②基于历史地理研究，明确与文化线路相关的传统村镇名录，并对这些村镇进行重点调研，搜集与文化线路相关的遗址遗迹、乡风民俗等，在分析图及说明书中有所体现；③根据对文化线路“整体研究、段落保护”的原则提出传统村镇的保护策略，对下

[1] 单霁翔. 从“文物保护”走向“文化遗产保护”[M]. 天津：天津大学出版社，2008.

位村镇规划提出规划要求。

2.1.3 对不同类型传统村镇进行分级评估和科学分类

历史是进步的，传统村镇需要发展，传统村镇所在的城市地区也需要发展，对所有传统村镇进行一味的静态保护没有意义也缺乏可行性，因此判断评估传统村镇的历史文化价值级别，对其进行分类保护就显得意义重大。这样的分类评估不仅适用于历史文化名城规划范围内的传统村镇，也适用于一般城市。分级评估的工作应该从总体规划阶段开展，具体技术要求包括：①资料收集阶段应全面收集规划范围内的传统村镇资料，包括上述从传统城乡管理体系以及文化线路角度来看相关的传统村镇，还包括乡土建筑风貌较完整，或形态结构特征生动有特色以及形成渊源特殊的传统村镇等；②规划要对这些传统村镇进行评估分级，确定传统文化价值突出、较高、一般等级别；③规划要提出不同级别的保护措施以及发展要求；④城镇体系或村镇体系规划中要充分考虑传统村镇的价值级别，如尽量避免迁并传统文化价值突出的村镇、构建传统村镇网络等。

通过分级评估后，将中国的传统村镇科学地划分为历史文化名镇名村、风貌保护型传统村镇、格局保护型传统村镇、传统风貌建筑群四类。

（1）历史文化名镇名村

“文物古迹比较集中，或能较完整地体现某一历史时期传统风貌和民族地方特色”的传统村镇，由所在地县级人民政府提出申请，经省、自治区、直辖市人民政府确定的保护主管部门会同同级文物主管部门组织有关部门、专家等进行论证，提出审查意见，报省、自治区、直辖市人民政府批准并公布的，属于历史文化名镇名村。

（2）风貌保护型传统村镇

整体风貌较完整、保护价值较高但未被命名为历史文化名镇名村的传统村镇，可划为风貌保护型传统村镇。

（3）格局保护型传统村镇

整体风貌一般、新旧建筑并存但格局较完整，但未被命名为历史文化名镇名村的传统村镇，可划为格局保护型传统村镇。

（4）传统风貌建筑群

位于城市边缘地区或与现代建成区片相交错的传统风貌较好的建筑群，可划为传统风貌建筑群。

2.1.4 对传统村镇优先进行规划编制

传统村镇的规划编制工作要优先开展，选择较高水平的规划编制单位开展工作，要明确规划中保护的重要地位，规划审批要有保护方面的专家参与评审。

2.2 遗产资源调研与价值评估

对传统村镇进行保护，首先要明确应该保护什么，什么是传统村镇值得保护的对象与内容，也就是它的价值特色体现在哪里，它拥有什么文化遗产资源。这一工作思路与历史文化名镇名村类似，区别之处仅在于后者价值特色更为突出，遗产资源更为丰富。

保护传统村镇对村镇自然与人文资源的价值、现状、利用情况等进行调研与评估：

（1）自然地理

地理位置、地质地貌、水文气象、土壤生物、生态环境、自然灾害等。

（2）历史沿革

地方史志、建制沿革、聚落变迁、重大历史事件等。

（3）传统格局

构成村镇传统格局的地形、水系、传统轴线、历史街巷（河道）、重要公共建筑及公共空间的布局等。

（4）建筑遗存

现存文物保护单位和历史建筑的详细信息，以及规划范围内其他建筑物、构筑物的使用性质、年代、质量、风貌、高度、材料等信息。

（5）历史环境要素

构成历史风貌的驳岸、围墙、石阶、铺地、古井、古树名木等景物。

（6）民俗文化

方言、民间文学、宗教信仰、礼仪节庆、风俗习惯、地方传统表演艺术、传统工艺等。

在资源调查和评估的基础上，结合地区社会经济的发展现状分析，明确传统村镇的历史价值、科学价值、艺术价值和文化内涵。

2.2.1 物质遗产资源

物质遗产资源包括以下几类：

（1）文物保护单位，包括相关国家文物管理部门公布的国家级、省级、市级以及未列级文物保护单位。

（2）历史建筑，是指具有一定保护价值，能够反映历史风貌和地方特色，未公布为文物保护单位，且未登记为不可移动文物的建筑物、构筑物。历史建筑通过专家评议后，可由县级以上保护主管部门公布，一般应满足建筑样式、结构、材料、施工工艺和工程技术具有建筑艺术特色和科学价值，反映当地历史文化和民俗传统，具有时代特色和地域特色，具有特殊的革命纪念意义，典型的作坊、商铺、厂房和仓库等，具有其他特殊历史意义的建筑，是著名建筑师的作品、祠堂、古书院、古庙宇、府第大厝、名人故居以及其他明清、民国民居等类型的建筑等标准之一。

（3）历史环境要素，是指除文物古迹、历史建筑之外，构成历史风貌的围墙、石阶、铺地、驳岸、树木等景物。

（4）历史街巷，是指走向、形态、尺度、铺装、命名等具有历史特征的街巷，或者与典故传说有关的街巷。

（5）传统格局，是指具有历史特征与人文内涵的村镇整体布局。

（6）历史风貌，是指由具有地方特色的传统建（构）筑物、绿化种植、地形地貌等组成的整体风貌。

（7）聚落自然环境与传统生产方式所构成的文化景观，是指村镇周边的山体丘陵、河流湖泊、绿化种植等，也包括传统农耕形成的农田景观，如梯田、水田、盐池等。

（8）一定历史阶段的代表性生产设施和场所，包括风车、水车、磨坊、酒坊等。

2.2.2 非物质遗产资源

非物质遗产资源包括已列入各级非物质文化遗产名录的遗产资源，也包括广义上需要通过口传心授的方式得以传承的非物质文化遗产，无论是否列入各级名录，可分为以下几类：

（1）口头传说和表述，包括与传统村镇历史传承息息相关的传说典故、历史上的名人事迹及其精神、街巷名称的由来及变迁、文学作品、家族谱系等。

（2）传统表演艺术，包括民间歌舞、戏剧、鼓书等曲艺形式。

（3）民俗活动、礼仪、节庆，包括地方有特色的祭天、求神、年节庆祝等仪式。

（4）有关自然界和宇宙的民间传统知识和实践，包括村镇营建、民居建造、园林建造、宗教文化等。

（5）传统手工艺技能，包括泥塑、剪纸等民间技艺、传统食品、传统生产工具、传统生活用具制作工艺等。

（6）与上述传统文化表现形式相关的文化空间。

2.2.3 传统村镇遗产资源类型总表

传统村镇遗产资源类型总表，见表2-1。

遗产资源类型总表　　表2-1

大　类	小　类
各级文物保护单位	• 革命遗址及革命纪念建筑（简称革命纪念建筑）
	• 古建筑及历史纪念建筑（简称古建筑，包括城市建筑、宫殿建筑、衙署建筑、园林建筑、宗教建筑、馆堂建筑、坛庙建筑、书院建筑、民居建筑、交通建筑、水利建筑、纪念建筑）
	• 石窟寺
	• 石刻及其他相关资源
	• 古遗址（古城，古文化遗址等）
	• 古墓葬（古墓冢）
	• 近现代代表性建筑
	• 工业遗产
历史建筑	• 名人故居
	• 传统民居
	• 近现代代表性建筑
	• 工业遗产
传统村镇	• 历史文化名镇名村
	• 其他传统村镇
文化网络	• 行政辖区范围内的主题性文化线路片断等
村镇格局、形胜、历史风貌与文化景致	• 城垣或村围遗存
	• 传统街巷格局
	• 轴线及主要建筑布局
	• 水系
	• 制高点、天际轮廓线和重要视廊
	• 传统建筑风貌
	• 文化景致（城内、城郊）
古树名木及风景名胜	• 古树名木
	• 人文景点
	• 自然景点

续表

大　类	小　类
非物质文化遗产及风物特产	• 地方传统文化
	• 地方特色艺术
	• 民风民俗精华
	• 传统工艺品
	• 地方土特产品、传统特色食品

注：各个村镇可根据情况选用和调整，有世界遗产的村镇应特别注明世界遗产内容。

2.3　传统村镇的保护重点

对传统村镇进行保护重点的研究，应根据传统村镇的价值分别确定相应的保护重点。

通过分级评估后，将中国的传统村镇科学的划分为历史文化名镇名村、风貌保护型传统村镇、格局保护型传统村镇、传统风貌建筑群四类。

历史文化名镇名村的保护重点主要包括：村镇范围内的文物保护单位、历史建筑、历史街巷，村镇的传统格局、历史风貌以及与其相互依存的自然景观环境、历史环境要素和非物质文化遗产。

风貌保护型传统村镇的保护重点主要包括：保护范围内的街巷格局、民居院落肌理、风貌较好的民居以及铺地、井、树木、桥等环境要素。

格局保护型传统村镇的保护重点主要包括：保护范围内的街巷结构和尺度、形成街巷的建筑物的尺度、院落的结构和边界等要素。

传统风貌建筑群的保护重点主要包括：保护范围内的传统街巷格局、院落肌理、传统风貌建筑以及铺地、井、树木、桥等环境要素。

2.4 保护区划的划定与保护内容

一般传统村镇的保护区划是指文物保护单位及地下埋藏区的保护区划，包括保护范围、建设控制地带与环境协调区、风貌保护区、历史建筑与历史环境要素的本体及风貌协调区。对于历史文化名镇名村或者价值特色非常突出但尚未列入历史文化名镇名村的可划定成片的保护范围，包括核心保护范围、建设控制地带及环境协调区。对于文物及历史建筑的保护区划及保护要求参考国家相关规定，本研究不予赘述。

传统村镇应根据其价值及特色分别确定相应的保护区划和保护内容。

（1）历史文化名镇名村的保护区划的划定与保护内容

对于历史文化名镇名村或者价值特色非常突出但尚未列入历史文化名镇名村的传统村镇，它们的核心保护范围、建设控制地带及环境协调区的划定具体要求包括：

①区划类型：历史文化名镇名村的保护范围包括核心保护范围和建设控制地带。

②核心保护范围划定：将保护范围内文物保护单位、历史建筑、历史环境要素等遗产要素集中的地区划为核心保护范围。

③建设控制地带划定：建设控制地带宜包括老村规划区范围除核心保护范围之外的所有区域。

④核心保护范围、建设控制地带的保护内容：文物保护单位、历史建筑、历史街巷，村镇的传统格局、历史风貌以及与其相互依存的自然景观环境、历史环境要素和非物质文化遗产。

（2）风貌保护型传统村镇的保护区划划定与保护内容

①区划类型：风貌保护型传统村镇的保护范围为风貌保护区。

②风貌保护区划定：将传统风貌建筑集中的区片划为风貌保护区。

③风貌保护区的保护内容：街巷格局、民居院落肌理、风貌较好的民居以及铺地、井、树木、桥等环境要素。

（3）格局保护型传统村镇的保护区划划定与保护内容

①区划类型：格局保护型传统村镇的保护范围为格局保护区。

②格局保护区划定：将街巷格局清晰、院落边界明确的区片划为格局保护区。

③格局保护区的保护内容：街巷的结构、走势、宽度，形成街巷的建筑物的尺度，院落的结构、边界等要素。

（4）传统风貌建筑群的保护区划划定与保护内容

①区划类型：传统风貌建筑群应保护传统风貌建筑群范围。

②传统风貌建筑群划定：将传统风貌建筑集中的区片划为传统风貌建筑群。

③传统风貌建筑群的保护内容：传统街巷格局、院落肌理、传统风貌建筑以及铺地、井、树木、桥等环境要素。

2.5 自然与人文环境保护规划控制技术

2.5.1 山水格局

我国传统村镇在选址布局时注重对聚落本身与周边山水的紧密结合，并在其后的建设中继续强化二者之间的关联。传统村镇的山水格局，不仅包括一般意义上的山水与聚落间的相对位置关系与选址定位基准，如“背山面水”、“左青龙右白虎”、“天心十字”等，还包括村落形态中与周围山水间的视线通廊，与山水结合形成的防御体系、防灾体系等。山水格局是我国传统聚落遗产特有的文化内容，具有非常高的文化价值。

目前我国传统村镇山水格局面临的具体问题包括：

（1）有些山区村落开山采石导致山体破坏严重，尤其是对村落选址有重要意义与价值的山体水体。

（2）地下水超采导致水资源匮乏，传统村镇水资源匮乏的问题虽然不如城市严重紧迫，但很多村镇水环境尤其是地表水源枯竭情况严重，溪流泉水的干涸使整体生态环境变得相对脆弱，对景观质量产生较大影响。

对山水格局的保护规划控制主要集中在对已破坏山体水体的生态修复以及对应重点保护的山体水体、相关视廊的严格保护。

历史文化名镇名村和风貌保护型传统村镇，应对其山水格局进行严格的保护与控制。

对山体的规划措施有：

（1）强化山体的自然景观特征，尽量保护原始状态的自然区域，确需建设的，必须编制环评报告，严格控制功能、规模与强度，强调局部人工开发区域与自然环境保护相协调。

（2）严格保护具有文化内涵的重要山体的轮廓线、制高点，严格保护山体之间、山与聚落之间的互视视线走廊。

（3）村庄规划、乡规划、镇总体规划中应将在山体向平原地区的过渡带划定入禁建或限建地区，该范围内禁止开发，加强绿化复育，控制边界要明确可辨。

（4）要控制位于山脉中的传统村落的建设用地蔓延，避免村庄建设对自然山体的破坏。

（5）严禁开山采石，对于已经被毁的山体山脉要采用山体修补、梯级过渡等方式强化绿化种植，通过生态修复，恢复其原有的山形山势和林木景观。

对水体的规划措施有：

（1）水环境保护决不能限于老村址或老镇区，要从宏观层面认识河道水体在村（镇）域甚至更大范围内的保护与利用，通过村（镇）域内的整体生态环境改善、控制对地下水资源攫取来保证水系统的完整。

（2）对雨水汇流入河道的山沟两侧、河道两侧一定范围内划定生态保护区，加强管理力度，禁止在该区内进行有损生态环境的各种活动，引导两岸的农田保护区、林地、园地形成一体化系统。

（3）保护河道的自然流向，避免因建设而人工侵占、改变原有河道。

（4）严禁往季节性河道内抛扔垃圾，治理水污染，改善水质环境。

2.5.2 自然植被

传统村镇中以及周边区域内的自然植被是重要环境要素，并且均为本土植被种群，它们曾通过提供燃料、建材与村镇日常生活建立起密不可分的关联，农业种植更是村镇居民的生产场所与赖以生存的生产资料，因此自然植被具有在视觉层面与文化层面参与传统聚落真实性与完整性价值表达的双重意义。

目前我国传统村镇周边自然植被保护存在的主要问题有：

（1）村镇扩张建设，农林用地被大量侵占。

（2）前些年的随意砍伐造成的整体植被受损，恢复尚需时日。

（3）重要区域的传统植被被新的经济种植取代等。

对基本农田及林地的保护有相关法律法规的规定要求。从保护规划角度来讲，对自然植被的保护重点在于通过研究确定从美学角度及文化角度来讲对传统村镇的完整性有意义的植被地区。

对自然植被的保护措施有：

（1）研究当地植物种群类型，并在生态修复中优先推广。

（2）通过调研了解传统村镇的风水林、风水树等具有文化内涵的种植并加以重点保护。

（3）历史文化名镇名村保护规划中环境协调区的划定要保证一定规模的自然植被面积比例。

2.5.3 历史地形地貌

历史地形地貌包括两方面的内容。一是传统村镇选址初期先民利用自然环境或稍加改造后形成的建设用地竖向规划，需要综合考虑用地经济性、排水防涝、便于防御、交通便利等因素后而形成；二是因为战争、集会等历史事件或民间传说而具有文化内涵的地形地貌，如小丘陵、洞穴、坡地、空场等。两方面内容均应得到保护。

历史地形地貌的破坏问题主要集中在：

（1）现代市政设施或技术如排水管道、泵体等使人们对自然地形的依赖减弱并进而忽视。

（2）修路拓路、农宅翻建等村镇建设过程中竖向设计简单粗暴，对原始地形改变较大。

（3）对历史事件发生地或传说发生地的保护缺乏指导，久而久之荒芜不可辨识等。

对历史地形地貌的保护重点应主要集中在保护对象的明确及竖向设计技术的要求。

历史文化名镇名村、风貌保护型传统村镇和格局保护型传统村镇，应对其历史地形地貌提出保护规划控制要求。

（1）历史文化名镇名村的历史地形地貌保护重点为：传统的竖向组织规律及特色、历史事件或民间传说相关地形地貌、传统的排水明渠和排水组织方式。

（2）风貌保护型传统村镇的历史地形地貌保护重点包括：传统的竖向组织规律及特色、传统的排水明渠和排水组织方式。

（3）格局保护型传统村镇的历史地形地貌保护重点包括：有特点的地形地貌、传统的排水明渠和排水组织方式。

2.5.4 传统格局

传统村镇的传统格局包括老村老镇区轮廓、街巷格局、重要建筑、环境要素的相对位置等。传统格局记录了村镇的发展变迁，具有丰富的文化内容。村镇轮廓是营建之初确定的“规划范围”，并通过形象意会具有文化内涵；尺度宜人的历史街巷是构成古村古镇传统特色的重要部分，部分传统街巷的走向与周边山体水体之间存在紧密的对应关系，形成特有的文化景致；重要建筑与环境要素的相对位置则往往反映了村镇内宗族的繁衍分化、等级关系。保护传统格局是传统村镇保护规划的关键内容之一。

对传统格局的保护重点集中在老村镇规模的合理确定与限定、传统街巷的合理化改造利用上。

历史文化名镇名村、风貌保护型传统村镇和格局保护型传统村镇，应对其传统格局提出保护规划控制要求。

（1）历史文化名镇名村的传统格局保护重点为村镇街巷的结构、走势、宽度以及形成街巷的建筑物的尺度。

（2）风貌保护型传统村镇的传统格局保护重点为风貌保护区内的传统街巷的结构、走势、宽度以及形成街巷的建筑物的尺度。

（3）格局保护型传统村镇的传统格局保护重点为格局保护区内的街巷的结构、走势、宽度以及形成街巷的建筑物的尺度。

2.5.5 历史风貌

历史风貌是传统村镇最易感知与最具有表现力的特色组成部分，它反映了传统建（构）筑物及绿化种植的整体特色与历史氛围，所有建筑及绿化均参与历史风貌的构建与表达。历史风貌是传统村镇最脆弱的保护要素。历史风貌的保护具有一定的特殊性，主要表现在历史风貌的监控与保护对象复杂不确定，无论是保护、破坏还是修复均具有长期性、综合性、渐进性的特点。严格来讲，历史风貌不由一屋一楼而定，但一旦受到破坏，恢复历史风貌也就不可能通过一屋一楼的改善来实现。因为历史风貌的保护涉及对象范围广，历史风貌往往受到所谓新材料、新技术、新民居的威胁，被打着“改善生活条件”旗号的老建筑更新逐步蚕食。

对历史风貌的保护重点主要集中在对历史风貌特色的明确界定、对与历史风貌有关联的各项保护对象的保护措施协调、建立以建（构）筑物保护整治为主的长效控制机制等。

结合我国历史文化名镇名村的保护制度及传统村镇的现状条件，可根据传统风貌建筑的集中程度及集聚规模确定风貌保护区并加以保护利用。

2.6 传统建（构）筑物保护与利用规划控制技术

2.6.1 文物建筑与地下埋藏区

传统村镇内的文物建筑必须符合《文物保护法》等法律法规文件的要求，具体保护技术规定原则上根据文物保护管理单位提供的保护名录、保护区划及保护措施执行。但因为传统村镇内较低级别的文物一般缺少文物保护规划，对它们的保护要求仅来自国家及各地文物保护法律法规的原则性要求，不够具体，保护力度不足。保护规划应提出进一步要求。

从规划层面的保护技术补充层面讲，主要集中在文物价值的补充分析、保护区划的适当调整、文物建筑利用的规定与要求、建议增补未列级文物等几方面。

（1）文物价值的补充分析

包括文物在内的遗产价值的评估确定是明确保护级别与保护措施的基础。传统村镇的级别较低文物往往价值分析比较概括简单，除了被整体打包以“某某村古建筑群”名称的文物，对一般文物的价值认识也较孤立。保护规划中应对传统村镇的文物价值进行深入研究与评估。评估尤其要关注这些文物从当地历史文化角度的价值，关注保护这些文物对本村落文化延续发展的重要意义，要尽可能地将传统村镇内各项文物及历史建筑、历史环境要素打包进行价值评估。

（2）保护区划的适当调整

保护规划应对各级文物保护单位与地下文物埋藏区的保护范围进行综合考虑。单个文物保护单位与地下文物埋藏区的保护范围一般以文物主管部门核定的范围为准，保护规划中可结合保护要求与实际情况，确需调整的应形成调整建议，组织文物部门参与的协调会，征得文物部门同意后纳入保护规划。

（3）文物单位本体及保护范围的保护要求

对文物本体应按照“保护修缮”的原则进行保护，保护规划可提出详细的保护修缮措施供地方保护主管部门参考。文物保护单位保护范围内的保护要求严格按照《文物保护法》执行，一般不应有新的建设。建设控制地带的控制内容包括：用地和建筑性质；建筑高度、体量、色彩及形式；绿化；重要地形地貌等。控制要求应征得文物部门的同意。环境协调区的控制内容包括用地性质、建筑高度及周围的自然景观环境特征。

地下文物埋藏区保护范围内的一般性技术要求包括：地下文物埋藏区保护界线范围内一般不得进行建设，必要的道路建设、市政管线建设、房屋建设、农业和其他生产活动等，不得危及地下文物的安全。在地下文物埋藏区实施建设前应先做考古发掘。

2.6.2 历史建筑

对历史建筑要进行分类甄别。对优秀的历史建筑，原则上按照文物保护单位的相关要求进行保养、加固或修复。对其他历史建筑采取维修改善的方式，在不改变外观特征的前提下允许对内部进行适当的维修改造。

要对历史建筑建立历史建筑档案数据库，当地政府保护管理主管部门依据数据库建立历史建筑档案，内容包括：

（1）建筑艺术特征、历史特征、年代及稀有程度。

（2）建筑的平面布局、面积指标、高度、色彩等有关技术资料。

（3）建筑的使用现状和权属变化等情况。

（4）建筑室内外及历史构件的文字、图纸、图片、影像等资料。

（5）建筑修缮、装饰装修工程中形成的文字、图纸、图片、影像等资料。

（6）建筑的平面、立面、剖面测绘图档和相关资料。

（7）根据保护规划提出的保护要求，提出保护措施建议。

毗邻历史建筑进行基础设施和公共服务设施建设选址的，对其提出历史建筑原址保护的措施要求。因特殊情况不能避开历史建筑进行必要的基础设施和公共服务设施选址建设的，对其提出历史建筑异地保护或拆除的方案与措施。

2.6.3 历史环境要素

历史环境要素是指“除文物古迹、历史建筑之外，构成历史风貌的围墙、石阶、铺地、驳岸、树木等景物”[1]。

对历史环境要素的保护规划控制参照历史建筑的相关技术要求，对价值突出的历史环境要素，原则上应按照文物保护单位的相关要求进行保养、加固或修复。对其他历史环境要素采取维修改善的方式，在不改变外观特征的前提下允许适当维修改造。

2.6.4 一般建（构）筑物

对传统村镇的一般建（构）筑物保护规划应采取分类措施。措

[1]《历史文化名城保护规划规范》（GB50357—2005）2.0.14条。

施的主要内容包括分类标准与级别、分类保护或更新措施的确定。

对历史文化名镇名村的一般建（构）筑物分类可分为三类：

（1）传统风貌建筑：将历史文化名镇、名村内具有一定建成历史，反映历史文化名镇、名村不同历史时期风貌的建筑物、构筑物划为传统风貌建筑。传统风貌建筑是构成历史文化名镇、名村格局与风貌的重要组成部分。

（2）风貌协调建筑：将历史文化名镇、名村内与整体风貌不冲突的新、旧建筑物、构筑物划为风貌协调建筑。

（3）风貌不协调建筑：将历史文化名镇、名村内与整体风貌有冲突的建筑物、构筑物划为风貌不协调建筑。风貌不协调建筑一般以新建建筑物、构筑物为主。

相应的分类保护与更新措施包括：

（1）对传统风貌建筑提出整治要求，对其具有传统风貌价值的外观进行维修，保持其传统风貌特征，对其与传统风貌相冲突的建筑部分、建筑构件及院落环境等进行改善。该类建筑应予以保留，不允许随意拆除，但是允许对其进行加固、通风采光和节能改造，也可以按照原体量、材料、色彩、形式进行翻建。

（2）对风貌协调建筑可予以保留，并控制与其相关的一切建设活动，使之与历史风貌相协调。

（3）对风貌不协调建筑进行整治更新，在与历史风貌相协调的前提下对建筑进行内部改造和外部更新。对与传统风貌严重冲突的建筑物、构筑物，应择机拆除。

一般传统村镇可根据自身建筑遗存保护现状条件适当简化分类级别与保护更新措施。

对传统风貌建筑的翻建、风貌协调与不协调建筑拆除后更新的建造应提出系统的引导图集进行保护要求的普及。引导图集应包括院落规划、屋顶形式、建筑开间高度、绿化种植等方方面面的易犯错误与建议传统模式等内容。

2.7　交通规划控制技术

在保持和延续传统道路格局的基础上，以疏解交通为主要目的，确定保护范围内道路系统和交通组织。避免机动车交通穿越核心保护范围，穿越交通和集中停车场应当布置在核心保护范围之外。在核心保护范围内划定非机动车与步行交通线路，提出机动车限行措施。

2.8　适用性市政基础设施规划控制技术

传统村镇保护范围内基础设施的改善应与上位规划相协调，提出各项基础设施的合理配置标准。在现状基础设施的基础上，提出卫生、安全、兼顾生态友好与风貌协调的改善措施，具体包括：

（1）给水设施

计算用水量，科学选择水源，确定水质标准，提出水源及卫生防护、水质净化措施，进行管网布置。

（2）排水设施

计算排水量，合理确定排水体制，宜采取分流制，污水排放应符合国家的相关标准，提出生活污水处理的设施方案，进行管网布置。

（3）供电设施

计算供电负荷，布置供电线路，配置供电设施，对供电设施的定位及形式进行设计，线路敷设优先考虑地下敷设或沿墙明敷的方式。

（4）环卫设施

计算生活垃圾产生量，提出垃圾收集、处理的方式与措施，宜采用容器化、密闭化方式进行收集。对垃圾箱、公厕等设施进行合理设置。改善公厕卫生条件。实现粪便的无害化、资源化处理。

（5）防洪工程

参照国家规定与上位规划，适度提高历史文化名镇、名村的防洪等级，加强对传统防洪设施的保护与管理，提出工程措施与生物措施相结合的方式，消除山洪。工程措施主要包括修建截洪沟等，生物措施主要包括植树种草、控制水土流失等。

（6）消防设施

确定核心保护范围内消防设施的布局、规模、标准，确定重点防火单位，按照有关技术标准和规范设置消防水源、消火栓及消防通道等，以满足实际防火安全需要。对常规消防车辆无法通行的街巷提出特殊消防措施，对以木质材料为主的历史建筑应提高安全防火等级，并提出相应措施。

2.9 社会结构与原住民利益保障规划措施

对社会结构与原住民利益保障的具体规划措施包括：

（1）加大投资力度全面改善老村老镇区基础设施与生活条件，补助原住民翻修老宅，留住老村原住村民。

（2）老村老镇区内设置一定数量的公共服务设施吸引原住村民。

（3）大力开展村落历史与文化宣传教育，唤起年轻村民对老村的价值认可与感情。

（4）鼓励原住村民在老村老镇内开展旅游服务。

（5）鼓励老村老镇区内宅基地置换在同宗内进行，鼓励对老村内宅基地的继承，限制新村宅基地的分配，防止老村镇空心化。

（6）城乡交接地区的传统村镇应按照城乡规划的统一要求合理调整村镇功能，并保护村镇原住民的利益。

2.10 非物质文化遗产保护规划措施

对传统村镇非物质文化遗产进行保护规划的措施有：

（1）建立非物质文化遗产档案和资料库

运用多种方式对各类非物质文化遗产进行真实、系统、全面的记录，建立档案和资料库。

（2）对于非物质文化遗产进行重点保护

对于非物质文化遗产应进行优先重点保护，其中处于濒危状态的非物质文化遗产应采取适当措施予以抢救性保护。

（3）建立健全传统村镇非物质文化遗产代表作名录体系

参照《国家级非物质文化遗产代表作申报评定暂行办法》，结合传统村镇具体情况，建立健全非物质文化遗产代表作名录体系。

（4）建立切实可行的非物质文化遗产传承机制，积极扶持与培养传承人

应建立非物质文化遗产的代表性传人名录登记机制，鼓励和扶持传承人的非物质文化遗产制作或表演及授艺等传承活动。

对传统村镇非物质文化遗产文化空间进行保护规划的措施有：

（1）做好文化空间的建档和挂牌工作

对村内各类文化空间进行真实、系统、全面的记录，建立文化空间档案和资料库。同时，完善文化空间标识系统，做好文化空间的挂牌工作。

（2）保护现存较完好的文化空间本体

大部分保存较好的文化空间已被列为文物保护单位，应按照相应的物质文化遗产保护要求对文化空间本体进行保护、整治。

（3）恢复部分已消失的文化空间

采用多种方式恢复部分已消失的文化空间。如设立展示牌、复建部分手工作坊、改造现状部分地块为文化展示馆等。

（4）还原文化空间的文化功能属性

加强文化空间的物质属性与非物质属性的有机结合，以文化空间为载体，还原其承载的非物质文化遗产，突出文化空间的文化功能属性。

（5）通过多种手段加强对文化空间的展示、宣传

通过多种手段加强对文化空间自身及其承载的非物质文化遗产的展示和宣传，扩大文化遗产的影响力。

3　传统村镇保护规划控制技术应用案例：山东章丘官庄镇朱家峪村保护规划

3.1　保护规划目标和技术路线

为了使朱家峪村同时满足“中国历史文化名村”和“社会主义新农村”的要求，规划确立的基本目标是：将朱家峪村建设成为生态环境优美、历史人文特色显著、生活及旅游服务设施完备、文化遗产保护与旅游发展并重的齐鲁原生态山地古村落。

3.2　资源调查与价值评估

坚持整体与专项相结合、物质与非物质文化遗产并重的原则，通过实地调研，对朱家峪村的自然和文化遗产资源进行价值评估。重点从总体特色、物质文化遗产价值和非物质文化遗产价值三个方面进行评价。

3.2.1　总体特色

朱家峪村是中国传统乡土聚落文化的代表、传统聚落营建技术应用的典范，具有重要的历史价值、艺术价值、科学价值和文化内涵。总体价值特色表现在理想的山水形制、取法自然的村落格局、完善的设施系统、极富地方特色的建筑形式、尊礼重教的悠久传统、一脉相承的宗族体系六个方面（见图3–1~图3–3）。

图3-1　朱家峪古村落鸟瞰图

图3-2　朱家峪入村道路景观

图3-3　康熙双桥

3.2.2 整体格局、村落布局和街巷格局

整体格局、村落布局和街巷格局是村镇物质文化遗产的基本骨架，是宏观整体价值的突出体现。朱家峪村整体格局的特色主要体现在山水格局、景观轴线、营建尺度和观景点布置四个方面。

首先，在山水格局方面，朱家峪老村选址于山地、平原的交接地带，三面环山，藏风聚气，耕地充裕，交通便利。村庄周围青龙山、白虎山、文峰山、龙脉山、笔架山、胡山环抱，村内河水潺潺，是十分接近中国古代人居聚落理想的风水格局（见图3–4）。

其次，在景观轴线方面，朱家峪村有两条主要的风水轴线。一条是文峰山山峰与北侧双峰山山凹连线，形成贯穿老村的主轴。此轴线与青龙山、白虎山山峰连线交点处，为原中哨门遗址，由此向南为明、清的村寨聚集区。集中体现了中国古代村落轴线由大地坐标确定的思想。另一条是章丘第一高峰胡山（海拔693.8m）山顶与中哨门形成的轴线，确定了该村主街部分走向，在此轴线两侧，文峰山与白虎山呈对称分布（见图3–5）。

再次，在营建尺度方面，朱家峪的建设尺度与中国传统城镇的理想尺度相吻合。以朱氏家祠为中心点，向周边有三个重要范围：①方圆320m（合200清步）内。320m是舒适的步行尺度，该范围包含了村域主要范围和景点；②640m（400清步）内，640m是能够辨识人的最大尺度，这一范围包含了整个老村；③1280m（800清步）内，1280m是视觉上能感知人存在的极限尺度，这一范围包含了除龙脉与胡山外所有可见山峰（见图3–6）。

最后，在文化景致观赏点的布置方面，朱家峪古村非常讲究，村庄主要街道选线均考虑与重要山体的对景。例如，入口道路与文峰山相望，曲折入村后，沿主街又可见文峰山，村庄东南部分街巷可眺望胡山（见图3–7~图3–11）。

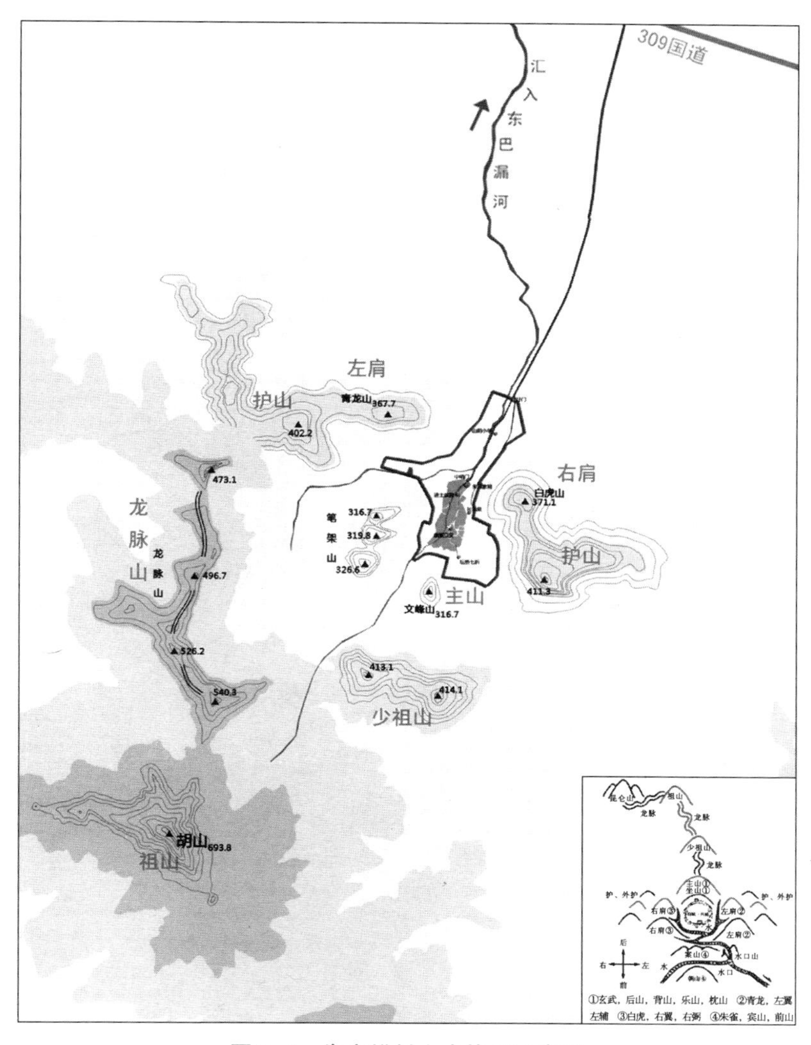

图3–4　朱家峪村山水格局示意图

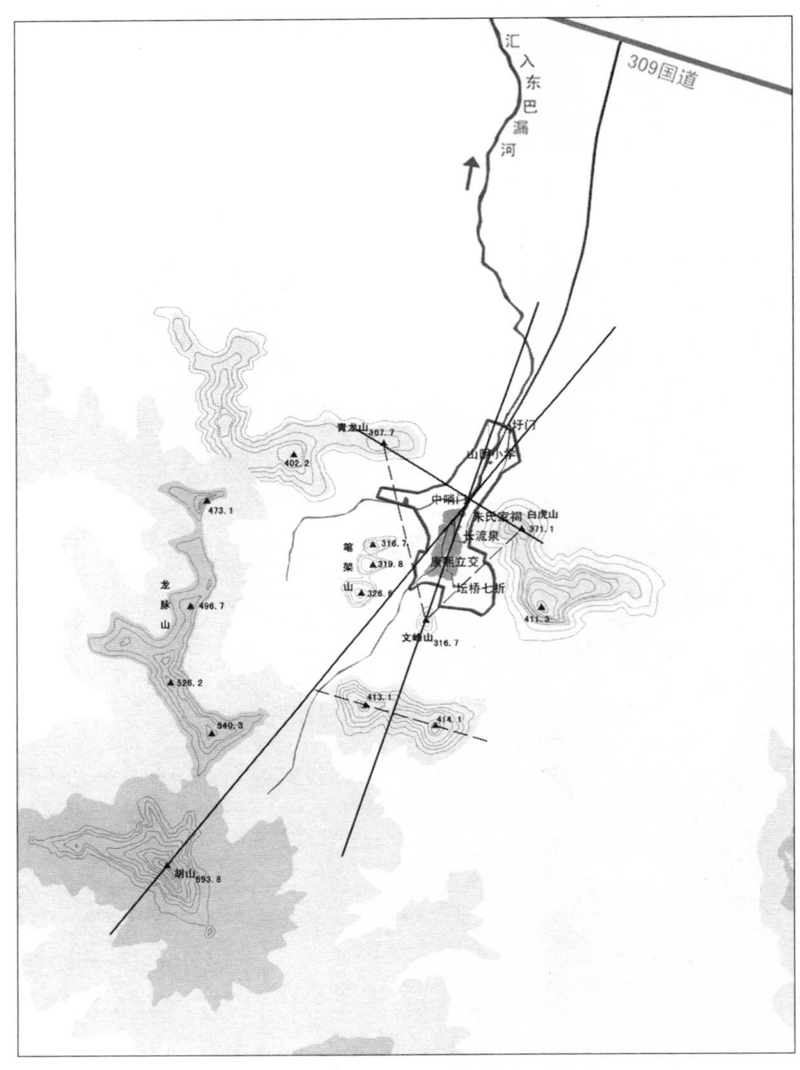

图3–5　朱家峪村轴线分析图

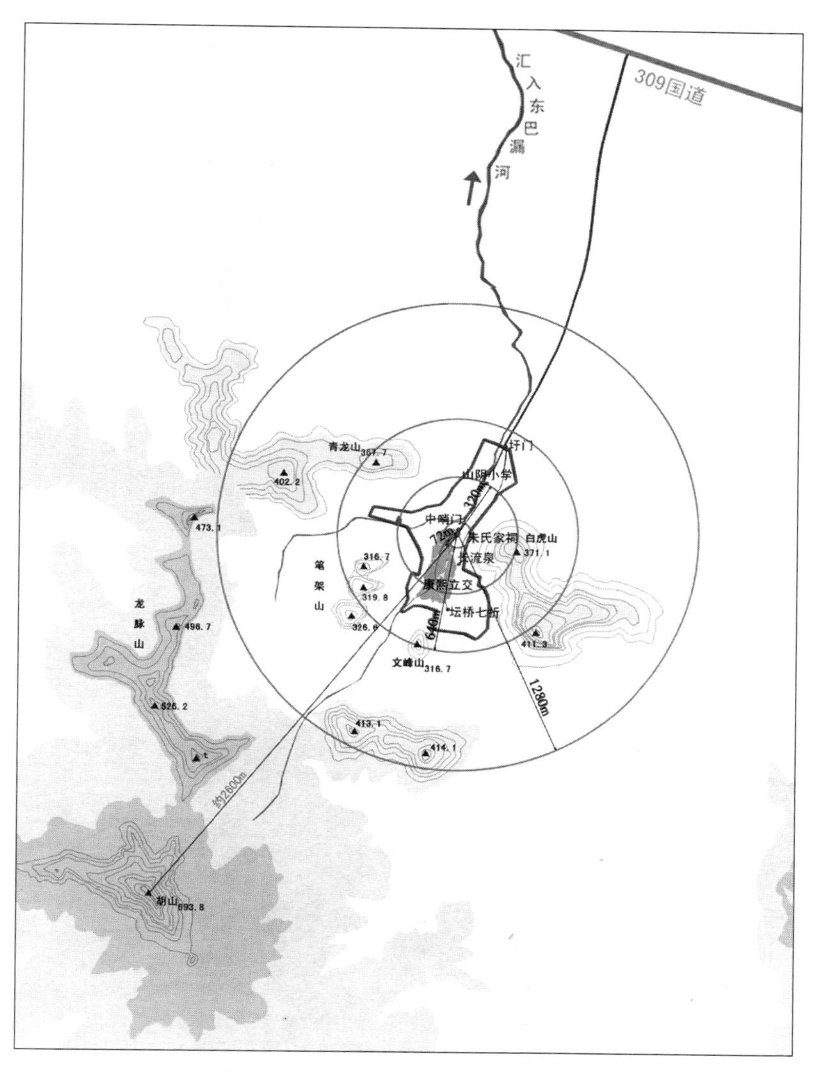

图3-6　朱家峪村人文尺度分析图

图3–7　朱家峪村山体景观轴线一

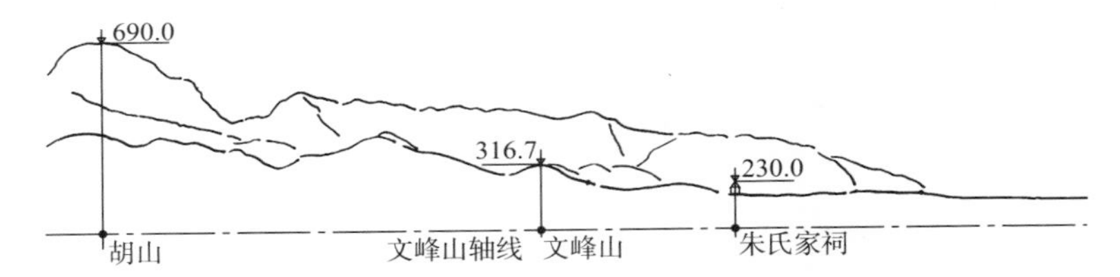

图3–8　朱家峪村山体景观剖面图一

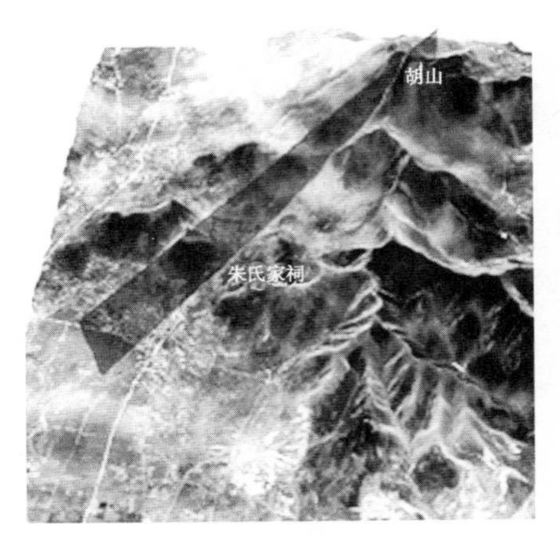

图3–9　朱家峪村山体景观轴线二

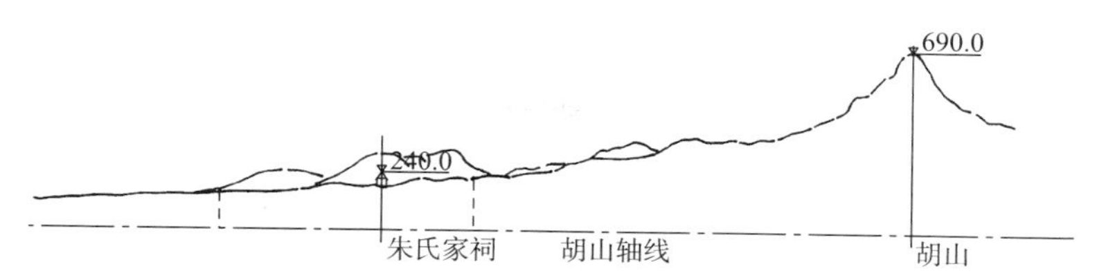

图3-10　朱家峪村山体景观剖面图二

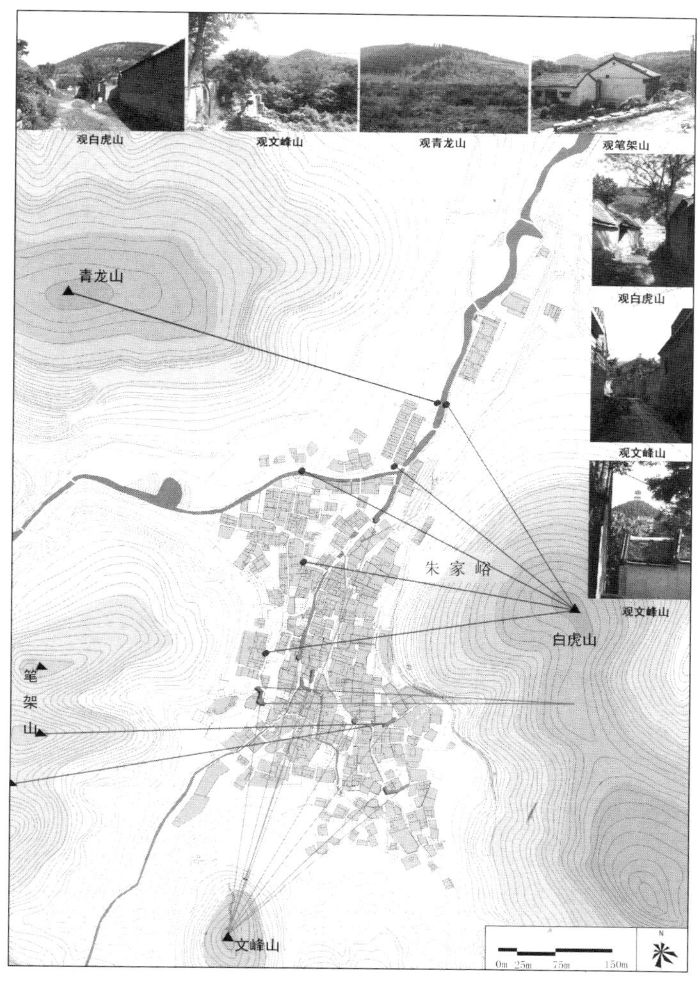

图3-11　朱家峪村景观视廊分析图

同时，朱家峪村的村落布局也颇具特色，表现在：①受山体所限，村庄边界由山体围合而自然形成，村落形态与山体紧密依存；②村内建筑布局依山就势，形成阶梯状聚落格局、上下盘道。民宅高低错落，空间环境变化丰富；③村落格局表现为有机网络。古村重要公共建筑（如文昌阁、朱氏家祠、古戏台等）形成若干控制节点，点缀以古桥、古泉、古井、古树等，由道路、冲沟串联在一起，形成有机的网络。

此外，朱家峪村的街巷格局也特色鲜明，表现在：①街巷结构层次分明，由“主街—辅街—支巷—宅前巷道”四级组成，呈树状（见图3–12）；②交通规则合乎礼制。正街分单、双轨古道，体现了古人的礼门义路之制，且与现代交通规则吻合；③街巷走向灵活自然。街巷沿着村落的布局延伸，随地形变化而错落蜿蜒。另外，街巷的传统铺装古意盎然。古村的街巷铺装采用当地传统材料，以青石板为主，少量路段用砂面岩、砾石和黄土做铺装（见图3–13）。青石板路能够满足古代生产性运输的需要，且在雨天能够有效避免泥泞。

3.2.3 重要单体建（构）筑物

物质文化遗产的另外一部分重要内容是单体建（构）筑物。单体建筑包括文物保护单位和历史建筑。朱家峪村有15处市级文物保护单位，以明清建筑物和构筑物为主，主要分布在主街轴线上（见图3–14），包括：朱家峪古遗址（见图3–15）、圣水灵泉庙（见图3–16）、鲁班庙（见图3–17）等。对其分别进行评价。

图3-12　朱家峪村村落肌理分析图

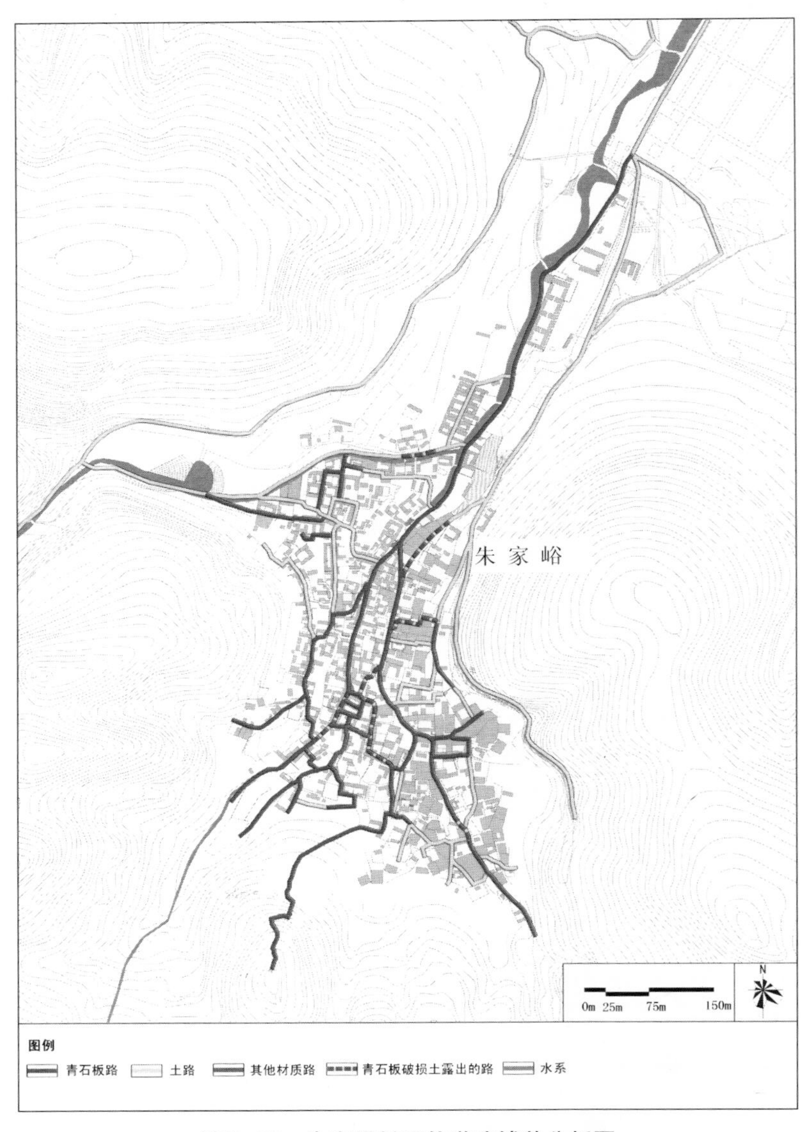

图3-13 朱家峪村现状道路铺装分析图

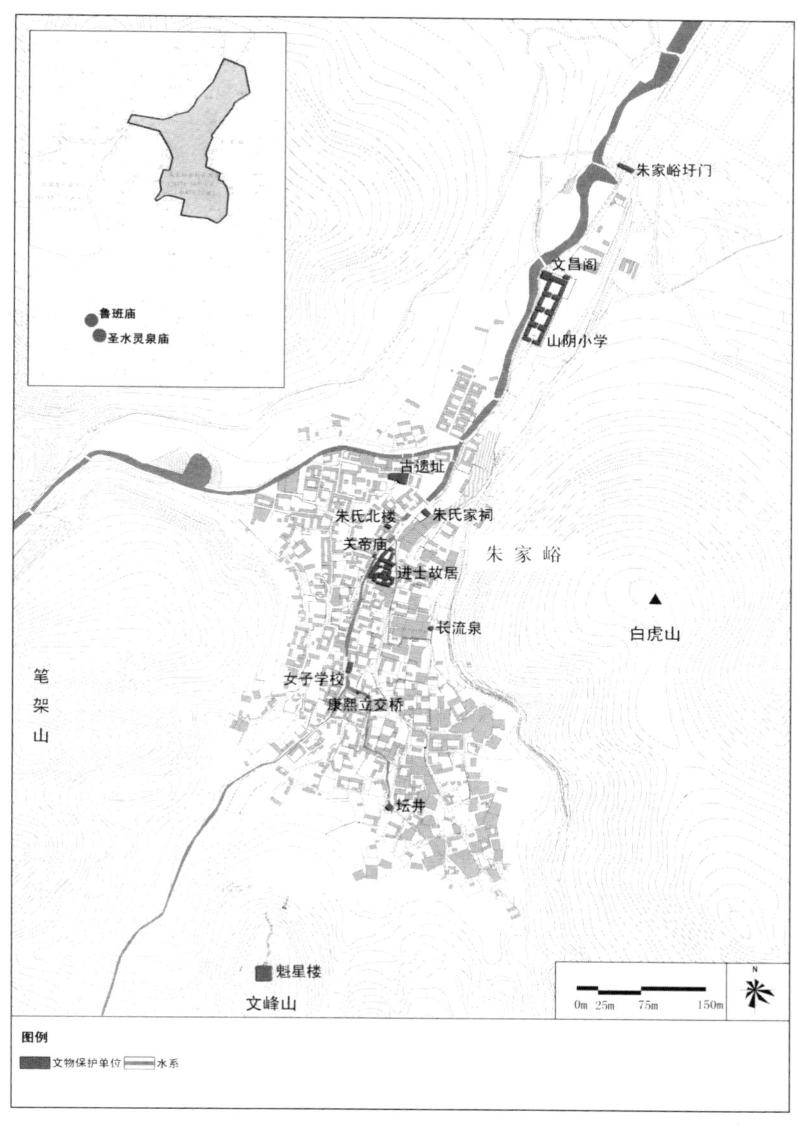

图3-14　朱家峪村文物保护单位分布图

图3-15　朱家峪村文物保护单位——朱家峪古遗址

图3-16　朱家峪村文物保护单位——圣水灵泉庙

图3-17　朱家峪村文物保护单位——鲁班庙

图3-18　朱家峪村历史建筑——山阴小学

图3-19　朱家峪村历史建筑——文昌阁

图3-20　朱家峪村历史建筑——关帝庙

图3-21　朱家峪村历史建筑——康熙双桥

图3-22　朱家峪村历史建筑——朱氏家祠

图3-23　朱家峪村历史建筑——女子学堂

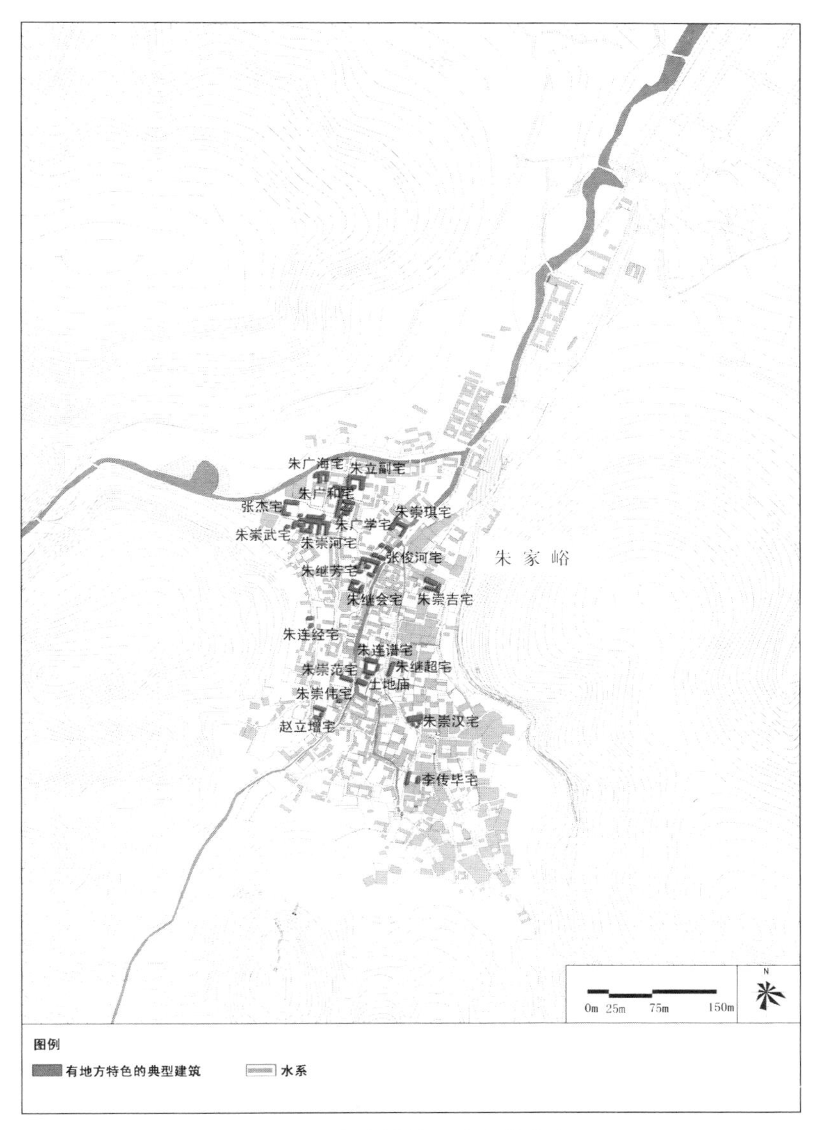

图3-24　朱家峪村历史建筑分布图

对历史建筑进行评价前首先需要进行认定，即确定认定标准。根据“编制办法课题”，将具有一定历史、科学、艺术价值，能够突出反映村镇历史风貌和地方特色的建筑物、构筑物认定为历史建筑，共计21处（见图3–24）。在此基础上，根据保护价值的不同，对历史建筑进行甄别，分为两类：优秀历史建筑和一般历史建筑，以便采取不同的保护措施（见图3–18~图3–23）。

朱家峪村的历史环境要素种类丰富，包括古代村落防御工事、古树、古泉、古井、古桥等，体现了朱家峪村传统特色和典型特征。其中，古泉、古井、古桥数量繁多，有燕尾泉、长流泉、长寿泉、圣水灵泉、双井、北头井、康熙立交桥、坛井七桥、青云桥等（见图3–25~图3–32），特色鲜明，体现了齐鲁古村的地域特色；此外，二防线、三哨门、八更屋等防御体系，更为中国古村落罕见。

图3–25　朱家峪村历史环境要素——青云桥

图3–26　朱家峪村历史环境要素——长流泉

图3-27　朱家峪村历史环境要素——旱桥

图3-28　朱家峪村历史环境要素——双井

图3–29　朱家峪村历史环境要素——圩门

图3–30　朱家峪村历史环境要素——更屋

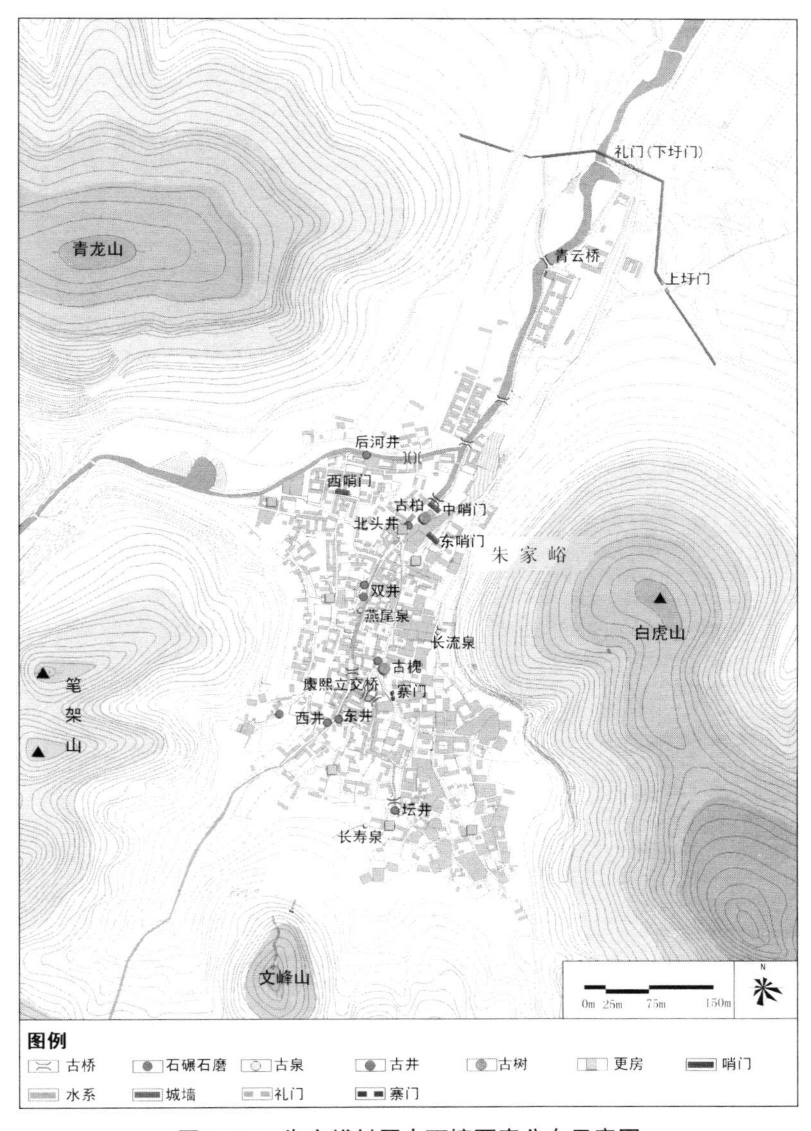

图3-31 朱家峪村历史环境要素分布示意图

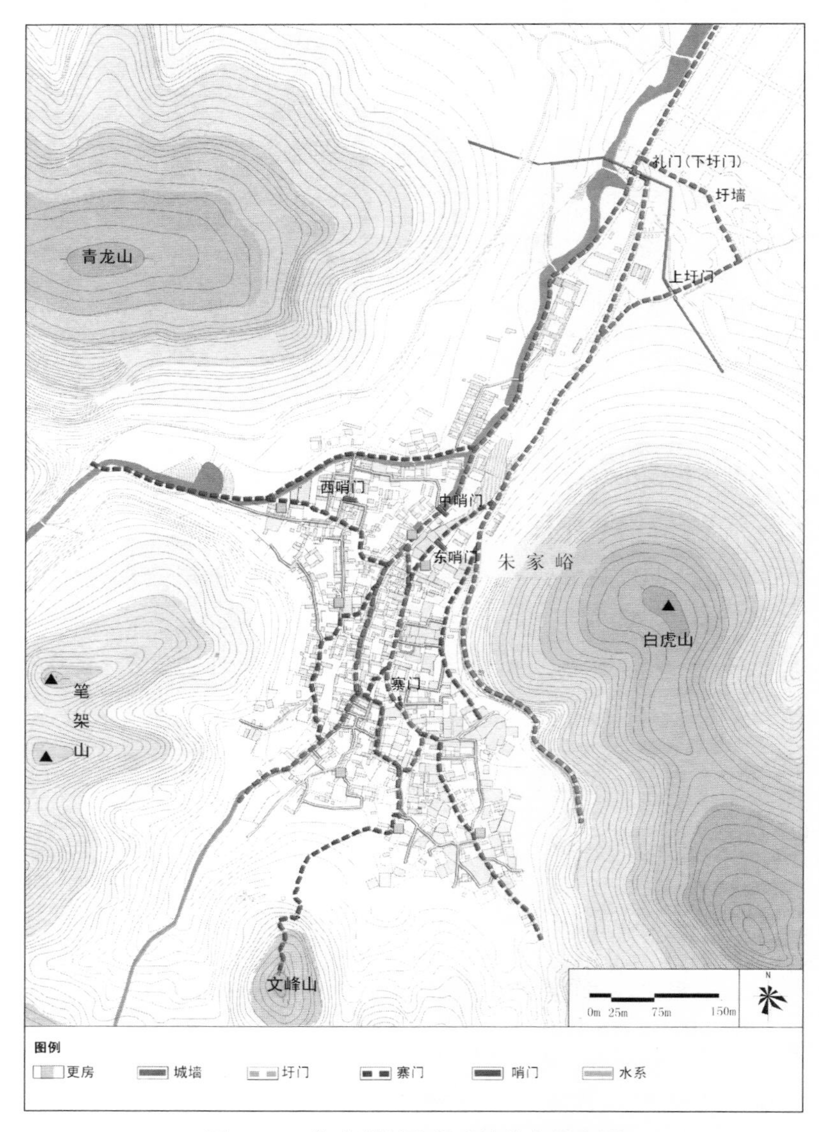

图3-32 朱家峪村防御系统分布示意图

3.2.4 非物质文化遗产及其文化空间

根据联合国教科文组织对非物质文化遗产的分类，朱家峪的包括四种类型：

（1）口头传说和表述类，包括公主坟山的由来传说、胡山婆翁庙传说、圣水灵泉传说、坛桥七折传说、长寿泉传说等，相应的文化空间有坛桥七折、先人洞、公主坟山和长寿泉等。

（2）社会风俗、礼仪、节庆类，包括闹芯子、春节的传统风俗，无固定的文化空间。

（3）传统的手工艺技能尅，包括手工纺织、打铁、石刻等，相应的文化空间有关帝庙、文昌阁、土地庙、鲁班庙、圣水灵泉庙、魁星楼、胡山道观等。

（4）有关自然界和宇宙的民间传统知识和实践类，包括道教文化、理学文化、村落选址山水文化等，相应的文化空间有李家申和李维丰宅。这些文化空间是延续古村历史记忆、传承优秀文化传统的重要载体（见图3–33~图3–39）。

图3–33 朱家峪村非物质文化遗产——闹芯子

图3–34 朱家峪村非物质文化遗产——手工纺织

图3-35　朱家峪村非物质文化遗产——打铁

图3-36　朱家峪村非物质文化遗产——先人洞传说

图3-37　朱家峪村非物质文化遗产——坛井

图3-38　朱家峪村非物质文化遗产——酿酒

图3-39　朱家峪村非物质文化遗产——手工纺织

3.3 遗产现状问题评估

从保存现状、利用情况和潜在威胁等方面，对遗产现状进行全面评价。

3.3.1 整体格局和传统街巷

在整体格局方面，村庄整体生态环境良好。新村与老村在空间上的分离，有效保持了老村的山水格局，村内山水环境、台地布局等基本保存完整。但水体污染、河道淤积、传统民居废弃等情况也较为严重。

在传统街巷方面，街巷走向与肌理基本保留，但弃置民居附近的道路近乎荒废。街巷铺装大部分保留了原有状态。部分主要道路及桥梁铺装损坏较为严重。水泥路面的出现，造成了与传统风貌的冲突。

3.3.2 单体建（构）筑物

主要针对文物和历史建筑方面而言。首先，整体保存状况较好，但由于价值认知不够，缺少对其利用方式的研究，致使使用功能与本体价值关系相互脱离。如女子学校、朱氏北楼、山阴小学。其次，部分文物和历史建筑没有得到有效保护，存在隐患，如进士故居和部分风貌好的民居。最后，个别文物和历史建筑被荒废、弃置，如圣水灵泉庙、鲁班庙以及少量风貌好的民居（见表3-1）。

对于文物、历史建筑以外的其他建筑，从建筑的风貌、质量、年代、高度等角度进行评价（见表3-2，图3-40~图3-43）。并在此基础上，将这些建筑分为三类：传统风貌建筑、与传统风貌协调的建筑和与传统风貌不协调的建筑。即：将具有一定建成历史，能够反映历史文化名镇、名村不同历史时期风貌的建筑物、构筑物划为传统风貌建筑。传统风貌建筑是构成历史文化名镇、名村街巷空间格局与风貌的重要组成部分。将与传统风貌相协调的建筑物、构筑物划为与传统风貌协调建筑。将与传统风貌有冲突的建筑物、构筑物划为与传统风貌不协调建筑。与传统风貌不协调建筑一般以新建建筑物、构筑物为主。

朱家峪村文物保护单位利用现状 表3-1

序号	名称	占地面积（m^2）	现状情况	用　途
1	圩门	10	保存较完好	古村入口处的门洞
2	文昌阁	108	保存较完好	保留原有的祭拜功能，也供参观
3	关帝庙	2	保存较完好	保留原有的祭拜功能，也供参观
4	朱氏家祠	231	保存一般，局部有损坏	供朱氏家族祭祀使用，无任何展示利用功能
5	山阴小学	2905	保存较完好	作为民俗博物馆供展示利用，兼作鲁能办公用房
6	女子学校	91	保存较完好	作为民俗商品零售和居住使用
7	进士故居	1262	保存较差，部分建筑损毁严重	居住为主，兼有展示
8	朱氏北楼	54	保存较完好	居住与餐饮
9	魁星楼	102	保存一般	旅游参观
10	康熙双桥	18	保存较完好	正常使用，旅游参观
11	坛井	97	保存较完好	正常使用，旅游参观
12	长流泉	10	保存较完好	正常使用，旅游参观
13	朱家峪遗址	778	被弃置	无任何用途
14	鲁班庙	2	保存较完好	无任何用途
15	圣水灵泉庙	2667	建筑大部分坍塌，被弃置	无任何用途

朱家峪村建筑评估及建筑分类　表3-2

评价方面	分级	建筑面积（m^2）	比例（%）
建筑风貌	好	22927.8	16.3
	一般	76086.2	54.3
	差	41168.1	29.4
	合计	140182.1	100
建筑质量	较好	40412.7	28.8
	一般	40723.2	29.1
	较差	59046.2	42.1
	合计	140182.1	100
建筑年代	1949年以前	89893.4	64.1
	1949~1980年	13113.9	9.3
	1980年后	37174.8	26.6
	合计	140182.1	100
所有建筑分类	历史建筑	3770.9	12.2
	传统风貌建筑	20168.5	65.1
	与传统风貌协调建筑	6149.4	19.9
	与传统风貌不协调建筑	868.4	2.8
	合计	30957.2	100

图3–40　朱家峪村现状建筑风貌质量评价图

图3-41　朱家峪村现状建筑年代评价图

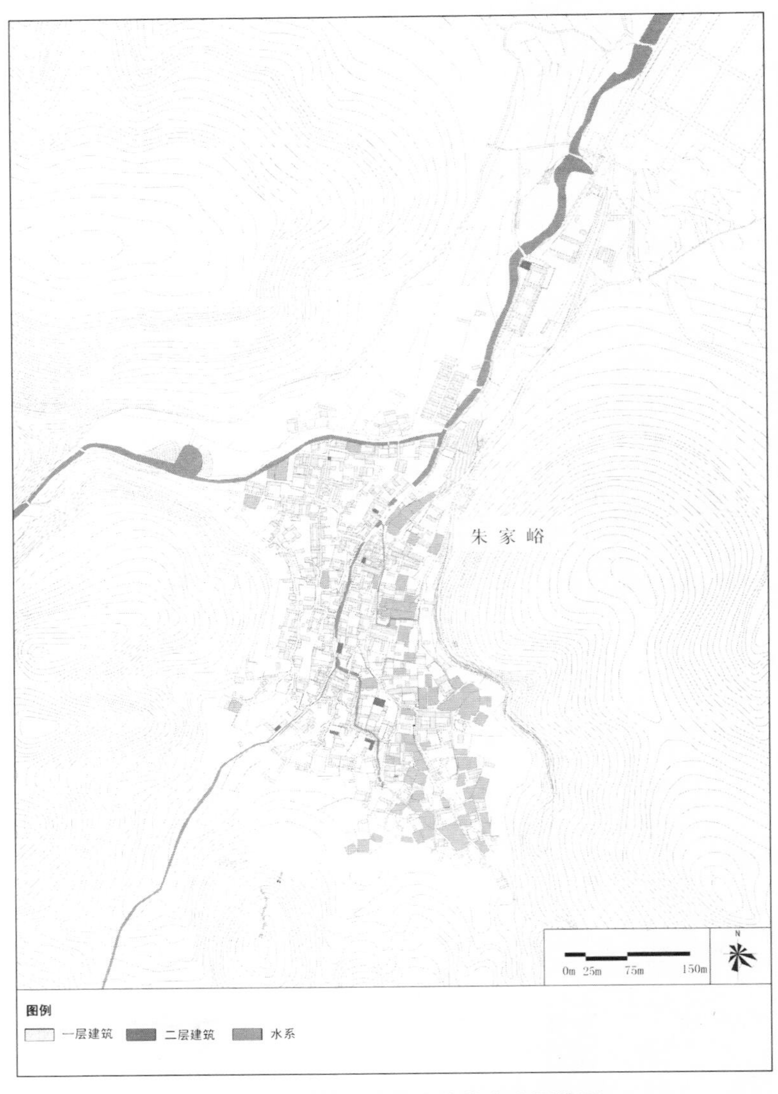

图3-42 朱家峪村现状建筑高度评价图

历史环境要素主要存在以下问题：首先，由于对历史环境要素缺乏系统的认知，部分要素价值被低估。例如，更屋、寨门等是朱家峪村落防御体系的重要组成部分，但它们的价值没有被认识充分，被弃置。此外，由于缺乏保护措施，使用性破坏现象普遍。现代生活需要对历史环境要素造成了破坏，如过往大型车辆导致古桥铺装和构件的破损（见图3-44~图3-46）。

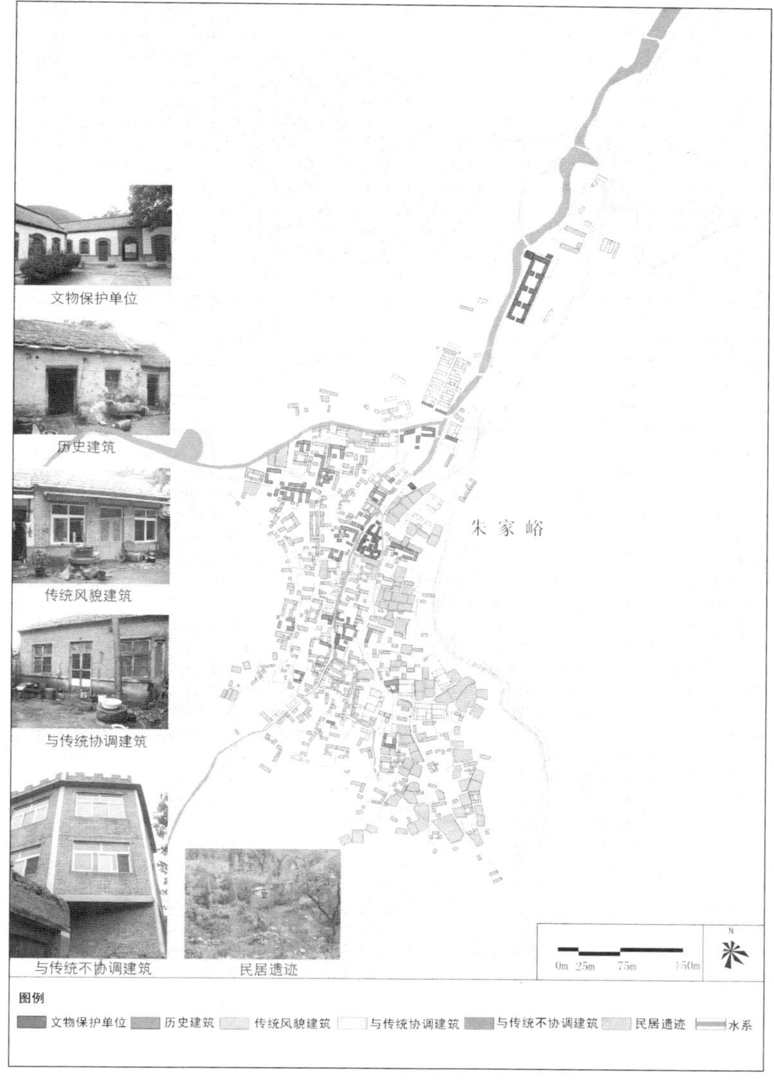

图3-43　朱家峪村现状建筑分类图

图3-44　破败的历史环境要素——石桥受损

图3-45　破败的历史环境要素——坛桥受破坏

图3–46　破败的历史环境要素——弃置的更屋

3.3.3　非物质文化遗产及其文化空间

非物质文化遗产存在以下问题。首先，部分非物质文化遗产缺乏文字记录。由于缺乏系统的研究，很多非物质文化遗产的价值已逐渐减弱，甚至濒临消失。其次，由于缺乏健全的教育、培训机制，传统手工艺技能的传承困难较大。最后，用于保护与传承的资金不足，许多工作不能有效开展（见表3–3）。

此外，承载非物质文化遗产的文化空间也面临诸多问题。首先，在村庄发展建设过程中，一部分文化空间正在逐渐消亡，导致了非物质文化遗产传承的断层。如鲁班庙、圣水灵泉庙的弃置等。其次，文化空间的物质属性与非物质属性被割裂开来。当前对文化空间的保护往往只注重保护其物质本体，却忽略了它所承载的非物质文化遗产，忽视了文化空间对于非物质文化传承的重要作用。最后，对文化空间的展示、利用有待加强。当前对文化空间本身及其承载的非物质文化遗产缺乏必要的标识、宣传、讲解等措施。

非物质文化遗产现状调查结果　　表3–3

分　类	编号	非物质文化遗产	现存状况评价
口头传说	1	胡山婆翁庙传说	较完整
	2	坛桥七折传说	较完整
	3	先人洞传说	较完整
	4	公主坟山的由来传说	较完整
	5	长寿泉传说	较完整
民俗活动、礼仪、节庆	1	正月闹芯子	较完整
有关自然界和宇宙的民间传统知识和实践	1	道教文化	较完整
	2	理学文化	较完整
	3	村落选址山水文化	濒危
传统手工艺技能	1	手工纺织	较完整
	2	铁艺	较完整
	3	石雕石刻	濒危

3.4　保护区划与保护措施

3.4.1　保护框架和保护要素

在现状分析的基础上，规划确定了“四山围双溪、四巷串古韵”的保护框架。其中“四山”指紧紧围绕古村的青龙山、白虎山、笔架山、文峰山；“双溪”指纵贯古村的两条溪水；“四巷”指下崖沟、东崖头、西崖头、西北角四条古街巷；“古韵”指古村内散布的多处文物保护单位和历史建筑。保护要素如下表（见表3–4）：

<table>
<caption>朱家峪历史文化名村保护要素列表　表3-4</caption>
<tr><td rowspan="11">物质文化遗产要素</td><td>山水格局</td><td colspan="2">古村落与青龙山、白虎山、文峰山、笔架山、龙脉山、胡山与河流组成的山水格局</td></tr>
<tr><td>街巷格局</td><td colspan="2">以主街为骨干和中轴，结合地形，兼顾文化景致的树状街巷格局</td></tr>
<tr><td>古河道</td><td colspan="2">古村内的两条的古河道</td></tr>
<tr><td>文物保护单位</td><td colspan="2">圩门、文昌阁、山阴小学、朱家峪遗址、朱氏北楼、朱氏家祠、进士故居、关帝庙、女子学校、康熙双桥、坛井、长流泉、魁星楼、鲁班庙、圣水灵泉庙（共计15处，均为区县级）</td></tr>
<tr><td>历史建筑</td><td colspan="2">朱崇琪宅（不含朱氏北楼）、朱立海宅、朱广和宅、朱广学宅、张杰宅、朱崇峰宅、朱崇武宅、朱崇会宅、朱崇河宅、张俊河、朱继芳宅、马世庚宅、朱连鹏宅、朱继会宅、朱连谱宅、朱崇范宅、朱连爽宅、赵立增宅、朱继超宅、李传毕宅、朱崇吉宅、朱连鹏宅、朱连经宅、赵景贵宅</td></tr>
<tr><td rowspan="5">历史环境要素</td><td>古防御系统</td><td>上圩门、中圩门、古城墙、更屋</td></tr>
<tr><td>古桥</td><td>康熙双桥、坛桥、青云桥、背城桥、汇泉桥</td></tr>
<tr><td>古井</td><td>双井、坛井、北头井、后河井、东井井、西井</td></tr>
<tr><td>古泉</td><td>长流泉、长寿泉、燕尾泉、圣水灵泉</td></tr>
<tr><td>其他构筑物</td><td>石碾石磨等</td></tr>
<tr><td>古树</td><td colspan="2">古村内卧龙槐和朱氏家祠内的桧柏、新村内的一棵古柏树</td></tr>
<tr><td rowspan="4">非物质文化遗产要素</td><td>口头传说</td><td colspan="2">胡山婆翁庙传说、坛桥七折传说、先人洞传说、公主坟山的由来传说、长寿泉传说</td></tr>
<tr><td>民俗活动、礼仪、节庆</td><td colspan="2">正月闹芯子</td></tr>
<tr><td>有关自然界和宇宙的民间传统知识和实践</td><td colspan="2">道教文化、理学文化、村落选址山水文化</td></tr>
<tr><td>传统手工艺技能</td><td colspan="2">手工纺织、打铁、石雕石刻</td></tr>
</table>

3.4.2　保护区划

进而进行保护区划，划定核心保护范围、建设控制地带和环境协调区（见图3-47、图3-48）。

核心保护范围：以朱家峪古村主街为核心，除包括了文物保护单位、历史建筑和有保护价值的传统建筑集中连片区外，还包括在主街上行走时视线所及范围，以及与主街街道空间、与有保护价值的传统建筑有内在关联的空间，面积约为8.62公顷。

建设控制地带：为了便于整体控制和管理，规划将老村的可建设用地范围均划为建设控制地带，面积约为17.84公顷。

环境协调区：利用GIS技术对古村内的重要视点进行视域分析，以确定环境协调区的范围。由重要节点向周围环视，包括视力所及的所有地区，面积约为200公顷。

图3–47　朱家峪村保护区划图

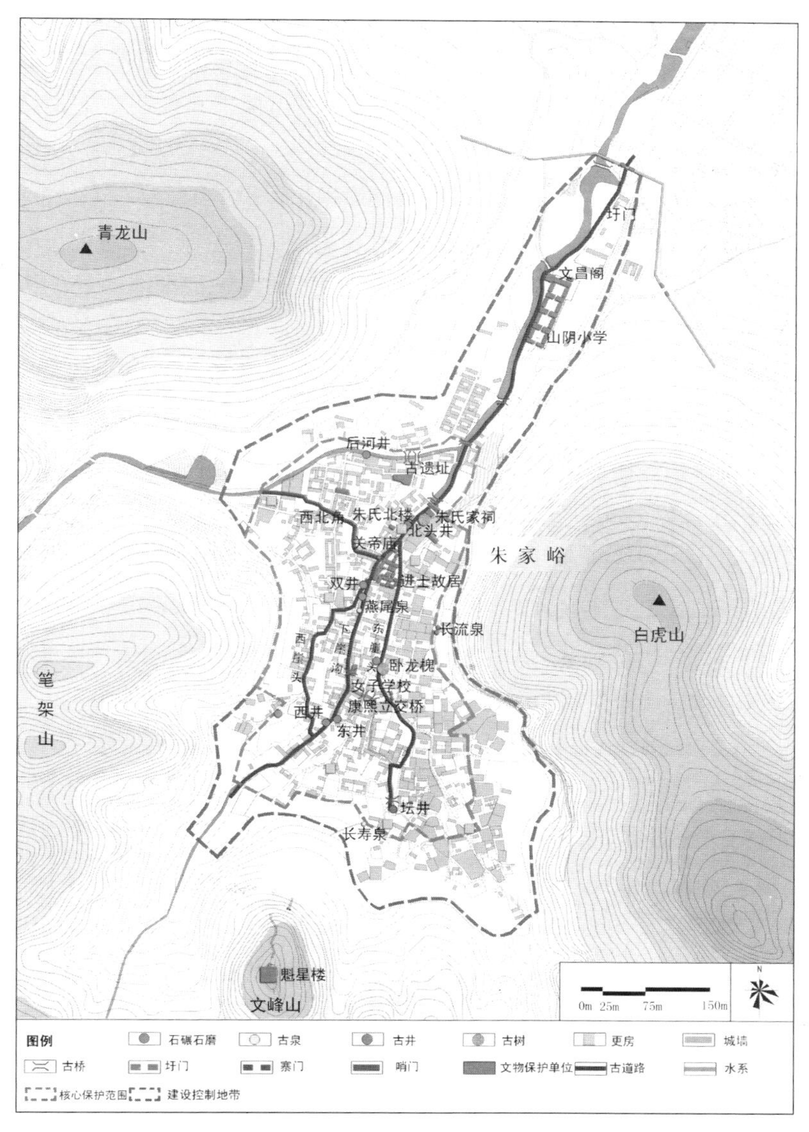

图3-48　朱家峪村保护要素分布图

3.4.3 保护和控制措施

按照“分区控制”的原则，对村落整体环境、核心保护范围、建设控制地带和环境协调区，分别提出保护和控制措施，具体如下：

（1）对村落的整体自然与人文环境提出保护措施。

①保护周边山体形态、植被与文化景观，重点保护青龙山、白虎山、笔架山、文峰山的山体及其文化景观；保护水体，避免污染，疏通河道，营造滨水环境。

②保护天际线。朱家峪村的建筑依山而建，随地形高低错落。南侧和东侧建筑所在地山势较高，天际线通过南侧和东侧的建筑群反映出来。严格保护、修缮青瓦坡屋面，保护古村平缓且延绵起伏的天际轮廓线。通过对建筑高度、屋顶坡度及对角线等提出控制措施。

③保护视线通廊。视线通廊是古村自然人文景观之间保持通视的视觉通道，也是体验历史文化名村特色风貌的重要景观通道。视廊通廊的保护应根据对景主要控制由主街、辅街和较重要的古巷内部和重要文物及历史要素向四周的通廊，以最大限度地保持其通达性。

（2）对保护范围内的街巷空间格局提出保护要求与措施。

①保持历史街巷的格局。严格保持村庄内古街巷的走向和基本形态，并沿用朱家峪村内石街、石巷的传统路面形式，严禁建设活动侵占街巷空间。

②保持历史街巷的铺装材料。规划禁止在保护范围内的采用传统石板以外的其他路面材料。保护范围内路面材料为土路的，规划修建石板路面；已经采用非传统路面材料的，规划提出改造要求，恢复原有风貌。

③保护历史街巷的沿街立面的统一性、连续性和完整性。对古村内沿街民居的传统建筑形式、街巷及两侧建筑的原有尺度等提出要求。

（3）对保护范围内的传统院落提出保护措施。

规划根据价值评估以及风貌质量，对古村内的现状院落提出分类的整治与更新模式，包括：保留传统院落、整治改造院落和重建院落（见表3–5，图3–49~图3–56）。

朱家峪古村内院落保护与整治更新模式统计表　　表3–5

院落分类	院落面积（m²）	所占比例（%）
保留传统院落	107702	24.5
整治改造院落	150884	34.3
更新院落	180858	41.2
合计	**439444**	**100**

图3–49　朱家峪村院落分类保护与整治示意——保留传统院落一

图3–50　朱家峪村院落分类保护与整治示意——保留传统院落二

图3–51　朱家峪村院落分类保护与整治示意——整治改造院落一

图3–52　朱家峪村院落分类保护与整治示意——整治改造院落二

图3–53　朱家峪村院落分类保护与整治示意——更新院落一

图3–54　朱家峪村院落分类保护与整治示意——更新院落二

（4）对保护范围内的各类建筑物、构筑物，区分不同情况，分别提出保护和控制措施。

①对历史建筑进行分类甄别。对优秀的历史建筑，按照文物保护单位的相关要求提出保养、加固或修复的要求。对其他历史建筑采取维修改善的方式，在不改变外观特征的前提下提出对内部进行维修改造的措施。

②对传统风貌建筑提出维修、改善措施，对与传统风貌不协调的部分提出有针对性的整治要求，在延续原有风貌的前提下允许按照原体量、材料、色彩、形式进行翻建。

③对与传统风貌协调建筑提出保留和控制措施，使之与历史风貌相协调。

④对与传统风貌不协调建筑提出整治更新，在与历史风貌相协调的前提下对建筑进行内部改造和外部更新。对与传统风貌严重冲突的建筑物、构筑物，建议择机拆除。

（5）对保护范围内的历史环境要素及其周边环境提出保护措施。

①加强对古老防御系统的整体保护，防止其继续受到自然和人为的破坏。对已破损的部分提出加固、复原的措施。

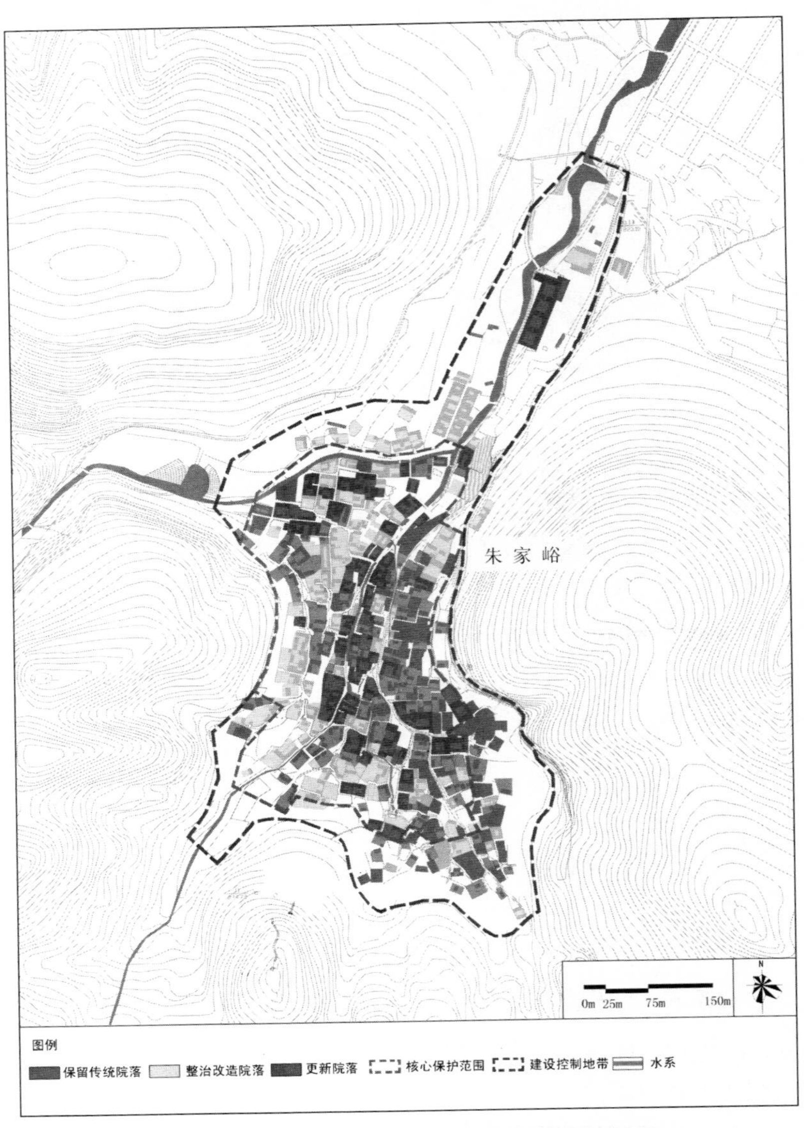

图3-55　朱家峪村院落分类保护与整治规划图

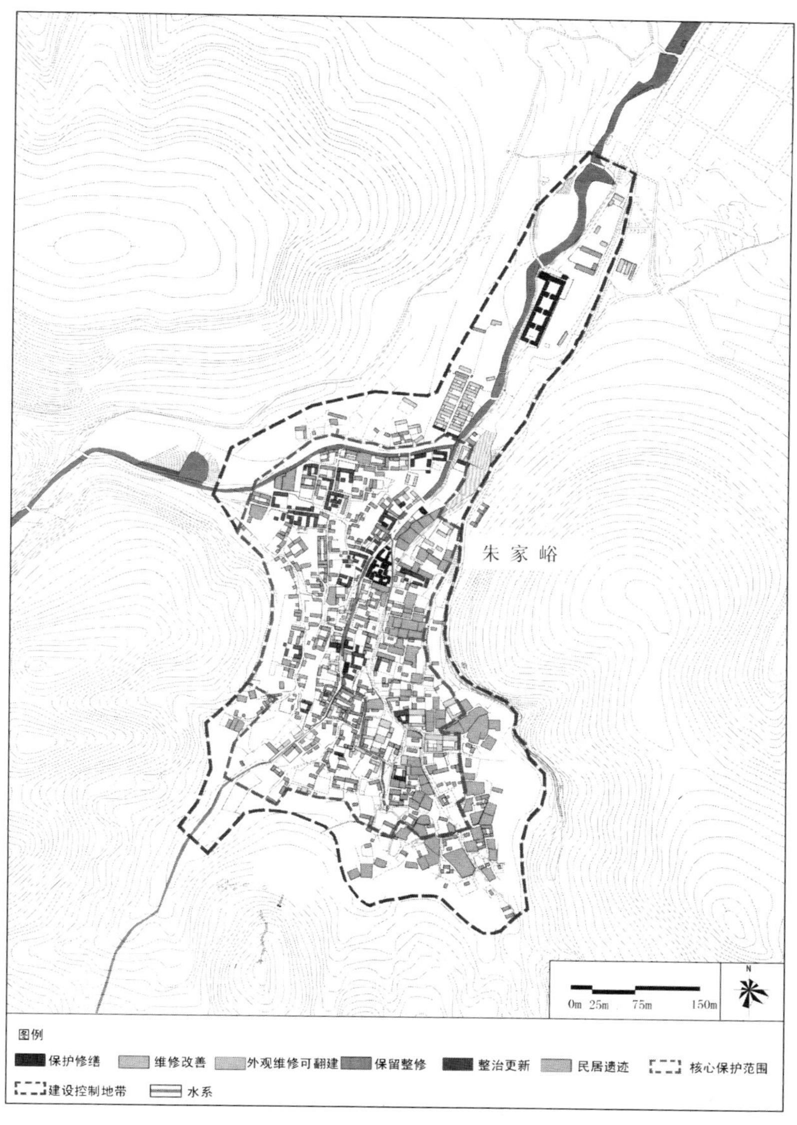

图3–56　朱家峪村建筑分类保护与整治规划图

②对古村内所有古桥提出保护、恢复原有铺装措施。对存在安全隐患的古桥提出维修加固措施。对另行规划机动车道路，提出严格限制机动车通行的要求。

③对反映朱家峪村居民日常生活方式的古井、古泉、石碾石磨提出保护方案，并结合这些历史环境要素，提出修建小型休憩空间建议，营造独具山村风情的空间环境。

④对朱家峪村100年以上的古树进行登记，规划建议在古树周围设立与周围环境相协调的石质护栏。

（6）对核心保护范围内必要的基础设施和公共服务设施的新建、扩建活动，以及建筑的改建、改造活动，提出规划控制措施。

①核心保护范围内不得进行新建、扩建活动，新建、扩建必要的基础设施和公共服务设施除外。对建筑和环境以保护和维修为主，对与街区整体风格不相协调的新建筑提出拆除、恢复风貌的要求。

②对建筑高度提出控制要求，包括：核心保护区建筑层数控制在1层，檐口高度原则上不得高于3.5m，屋面坡度控制在1：1~1：1.5，屋顶材料应为小青瓦或覆草坡顶，屋顶对角线长度不得大于11.4m。

③外部装饰和其他设施的要求。保持核心保护范围内建筑物、构筑物、街巷两侧的外部修缮装饰和生活设施、广告牌匾与传统风貌相协调，对建筑外立面的装饰和各种设施、广告牌等使用传统材料，如木材 、石材等地方材料。

（7）对建设控制地带内的新建、扩建、改建和加建等活动，提出规划控制措施。

①对保存状况较好的传统风貌建筑、老村街巷传统空间形式、建筑格局和空间尺度，以及构成历史风貌的重要环境要素，提出保护、整治或恢复措施。

②对现存的废墟、质量或风貌较差的建筑等所在的区域提出改建、扩建或新建要求，新建与传统风貌相协调，同时不得破坏传统街巷格局、空间尺度和文化景致；对现有的与传统风貌不协调建筑提出改造或拆除建议，使其与核心保护区的环境相协调。

③对建设控制地带内的建筑高度提出控制要求。包括：靠近核心保护区的区域内，建筑层数控制在1层，檐口高度不得高于3.5m，屋面坡度控制在1：1~1：1.5，屋顶材料应为小青瓦或覆草坡顶，屋顶对角线长度不得大于11.4m。远离核心保护区的区域中，局部地段建筑层数可为2层，檐口高度不得高于7m，屋面坡度宜控制在1：1~1：1.5，屋顶材料宜为小青瓦或覆草坡顶，或使用当地民居常用屋顶材料，严禁使用黄、蓝色屋顶材料及琉璃瓦、彩钢屋面等，屋顶对角线长度宜控制在11.4m以下。

④对建设控制地带内的建筑整治活动提出控制要求，包括：山体水体周边的生态环境修复措施，西园至村外的河流沿岸环境整治方案，水岸空间营造方案等。

（8）对环境协调区内的建设活动，提出规划控制要求。

重点控制好区内的自然环境，加强环境协调区植被的栽培和保育，注重保护水体，为核心保护范围和建设控制地带提供良好的景观背景和环境屏障。

（9）其他措施。

如宗族传统与原住民保护措施、非物质文化遗产保护措施等。

3.5 村庄建设规划

3.5.1 规划结构

确立“一线、三区、四片”的规划结构（见图3-57）。

一线：指纵贯村域的主要游览线路，309国道—古村—西园—

圣水灵泉庙—胡山平坡—胡山景区。

三区：指三个遗产资源集中的特色景区，朱家峪古村、圣水灵泉景区和胡山景区。

四片：指四个居住或度假区片，朱家峪新村、朱家峪古村、西园度假区和胡山平坡度假区。

3.5.2 人口与产业发展预测

3.5.2.1 村庄人口预测

朱家峪村域人口包括三部分：

（1）村庄原住人口，近期规划至2015年，规划原住人口容量控制为1800人。

（2）东南可建设片区人口，根据片区3.5公顷的用地规模，规划人口控制为394人。

（3）西园人口，根据片区16.67公顷的用地规模，规划人口控制为1667人。近期（至2015年）规划老村人口为632人。

3.5.2.2 产业优势分析

由于朱家峪农业条件不佳，可建设用地有限，老龄化严重，不宜大规模发展第二产业。相反，作为“中国历史文化名村”的优势明显，第三产业发展潜力巨大。

3.5.2.3 发展策略

鼓励发展生态农业、旅游文化产业和文化创意产业；引导发展与旅游相关的第二产业，如特色农产品和旅游小商品加工业；禁止非生态友好型产业，限制非文化创意类型产业的进入。

3.5.3 土地利用、道路交通规划

利用GIS技术，通过用地适宜性评价、新建道路的工程可行性分析等，进行用地布局规划，在村域构建旅游与生产、社会干扰较小的交通系统（见图3–58~图3–62）。

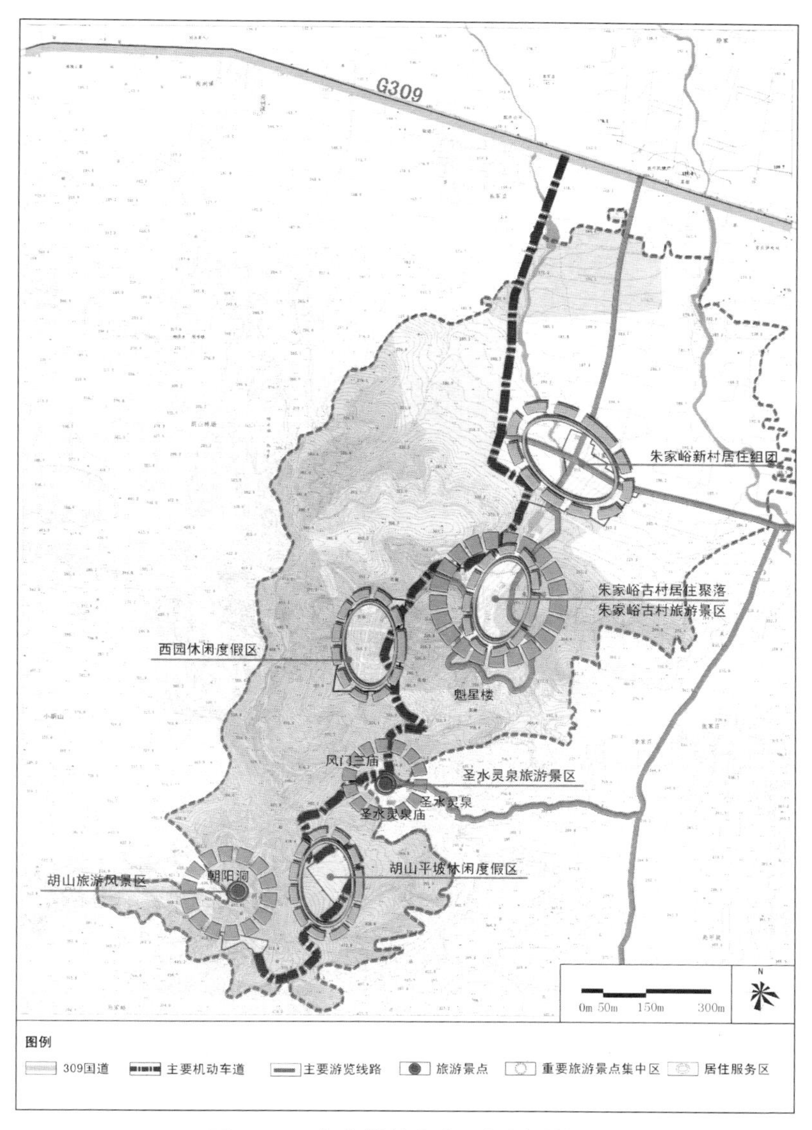

图3–57　朱家峪村庄建设规划结构图

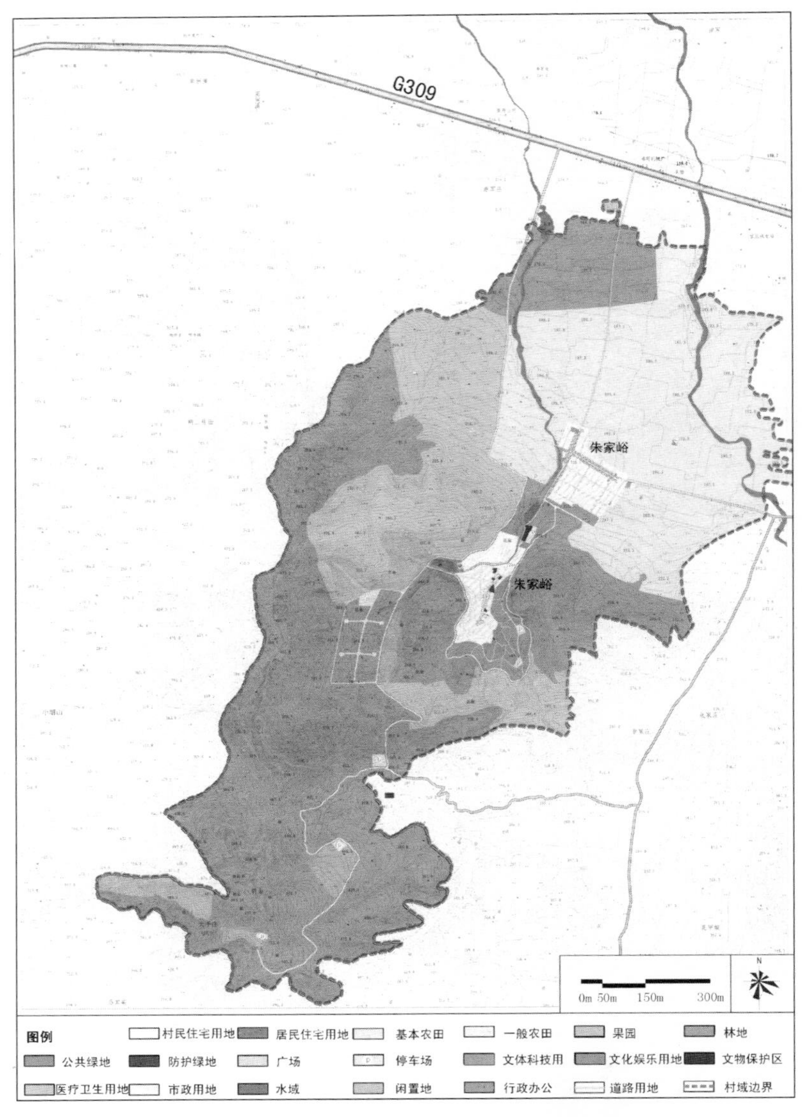

图3-58 朱家峪村村庄用地规划图

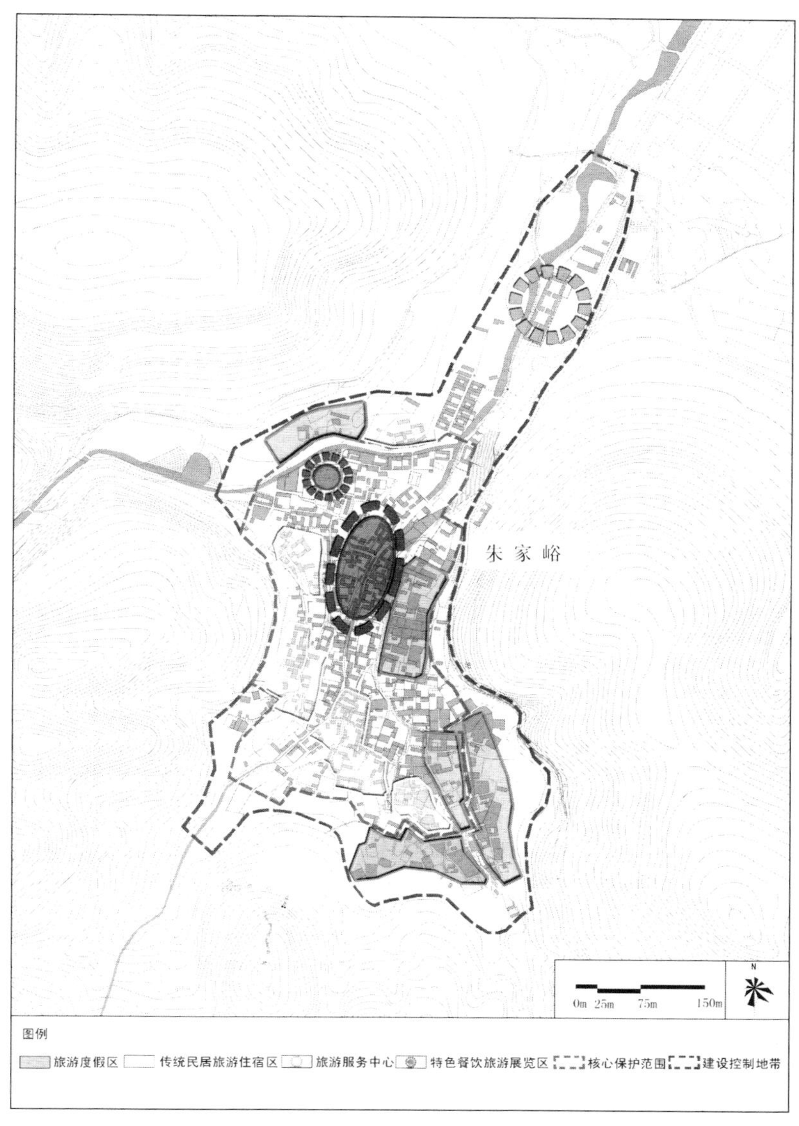

图3-59 朱家峪村老村功能分区规划图

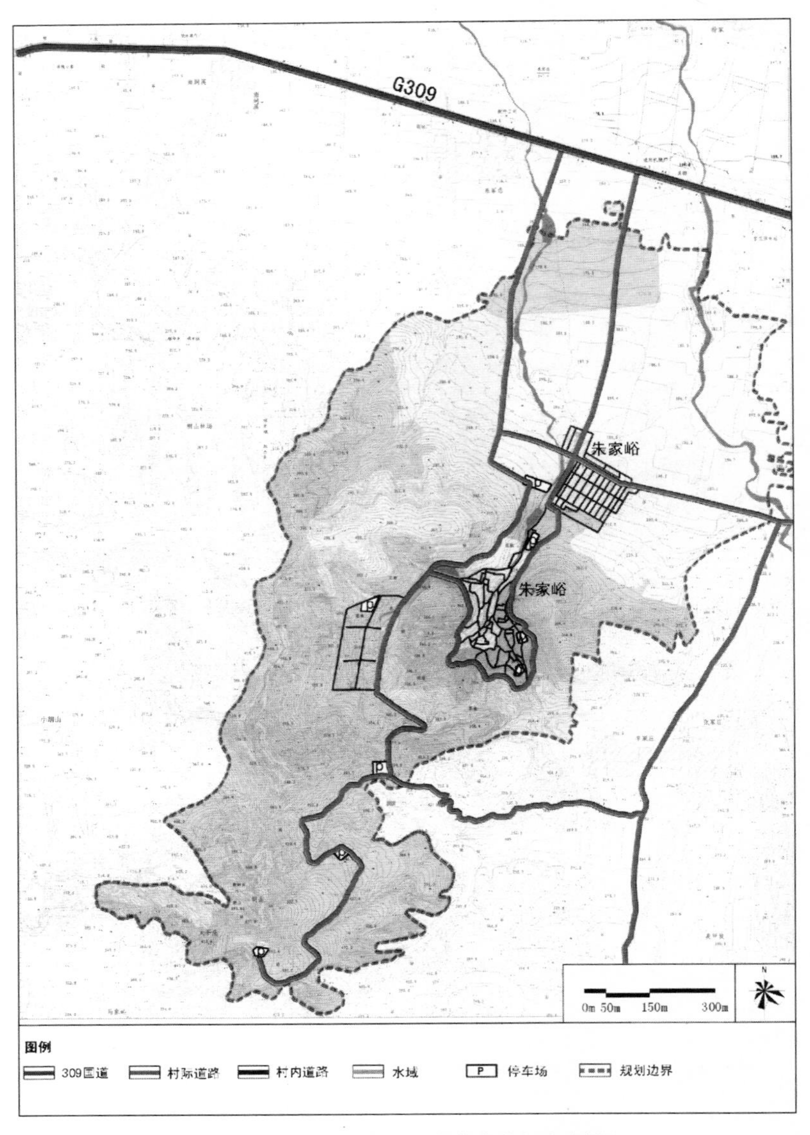

图3-60 朱家峪村村域道路交通规划图

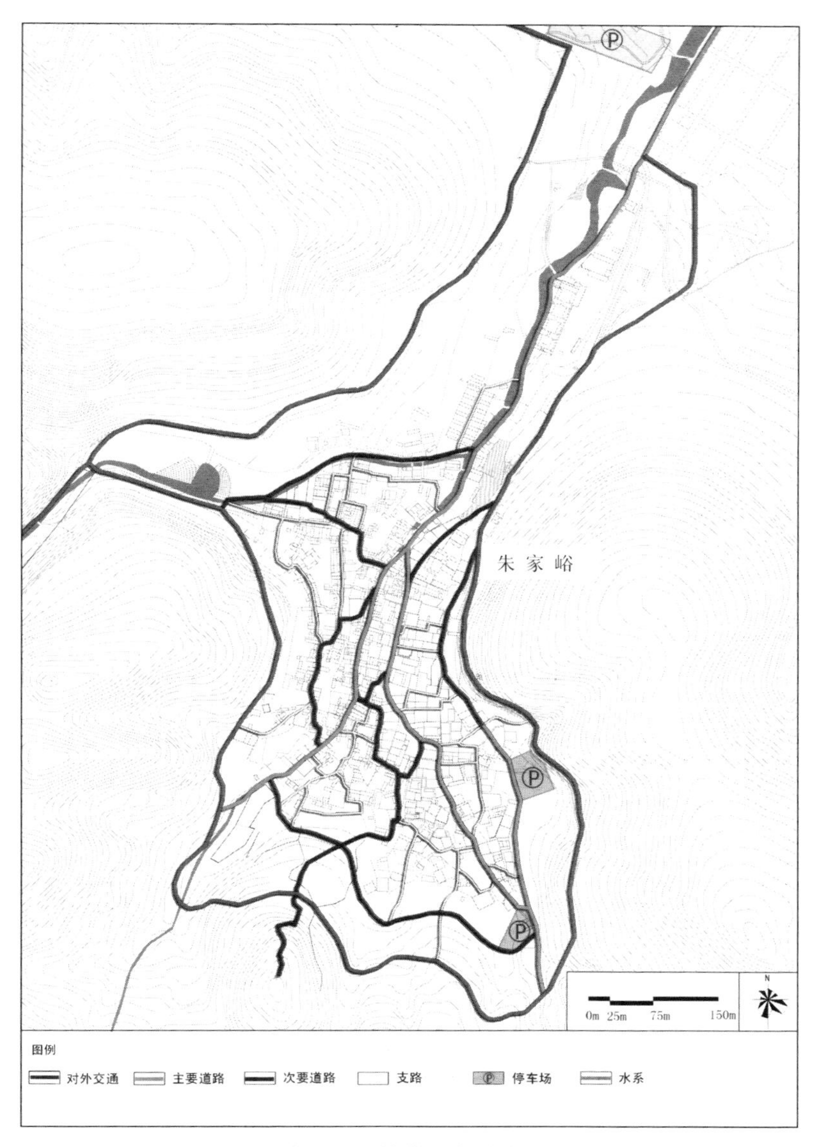

图3-61　朱家峪保护范围内道路交通规划图

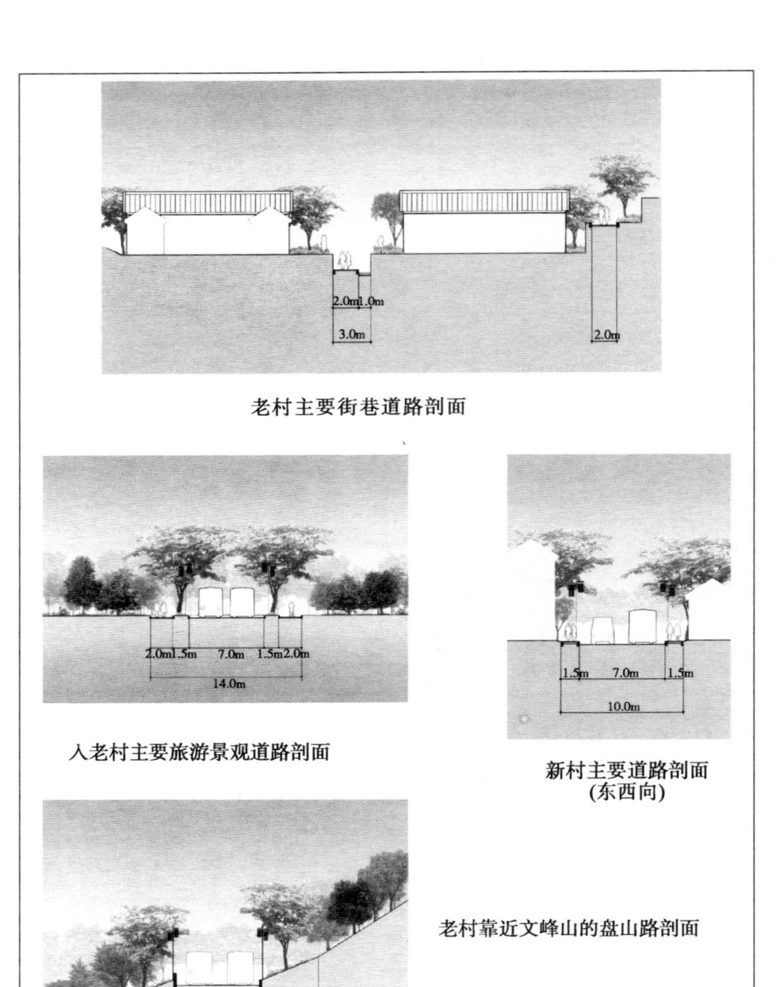

图3-62　朱家峪道路断面分析图

3.5.4　公共服务设施规划

根据村庄公共服务设施现状和《山东省村庄建设规划编制技术导则》，规划新建托儿所、文化活动站、老年活动室、健身场地等。参照村民居住用地的分布进行设施规划（见表3-6，图3-63~图3-67）。

朱家峪村公共服务设施配置表　　表3-6

设施类别	设施名称	建筑面积（m^2）	备　注
教育	托儿所	600	2~6班，结合村民住宅
	幼儿园	600	2~6班，结合村民住宅
文化	文化活动中心	200	与体育设施结合建设
	老年活动室	100	与体育设施结合建设
医疗	门诊所	50	原址
体育	健身场地	600	与绿地结合建设
	篮球场		与绿地结合建设

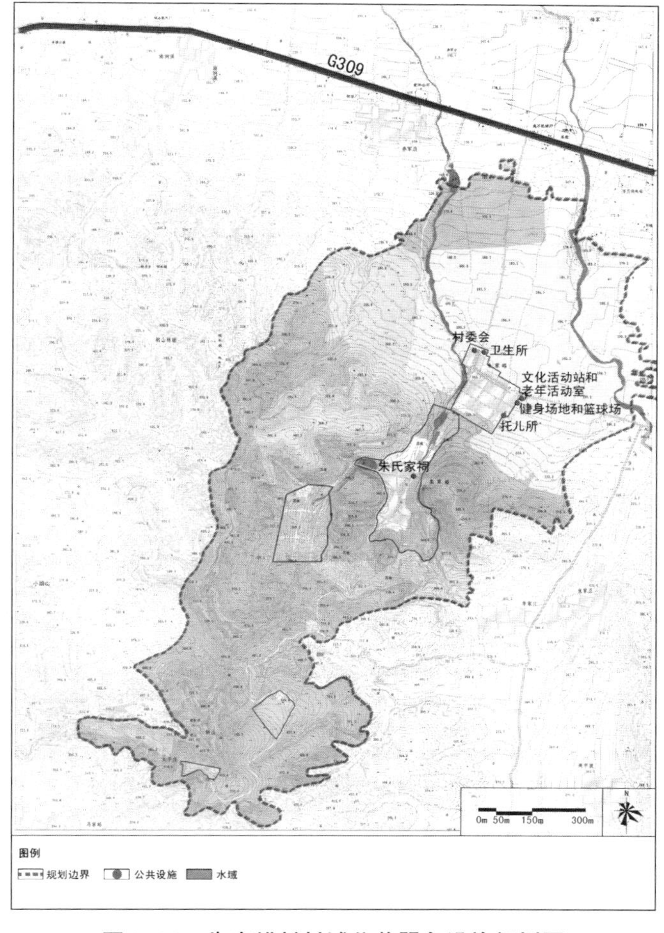

图3-63　朱家峪村村域公共服务设施规划图

图3-64　朱家峪村主要节点设计——老村入口

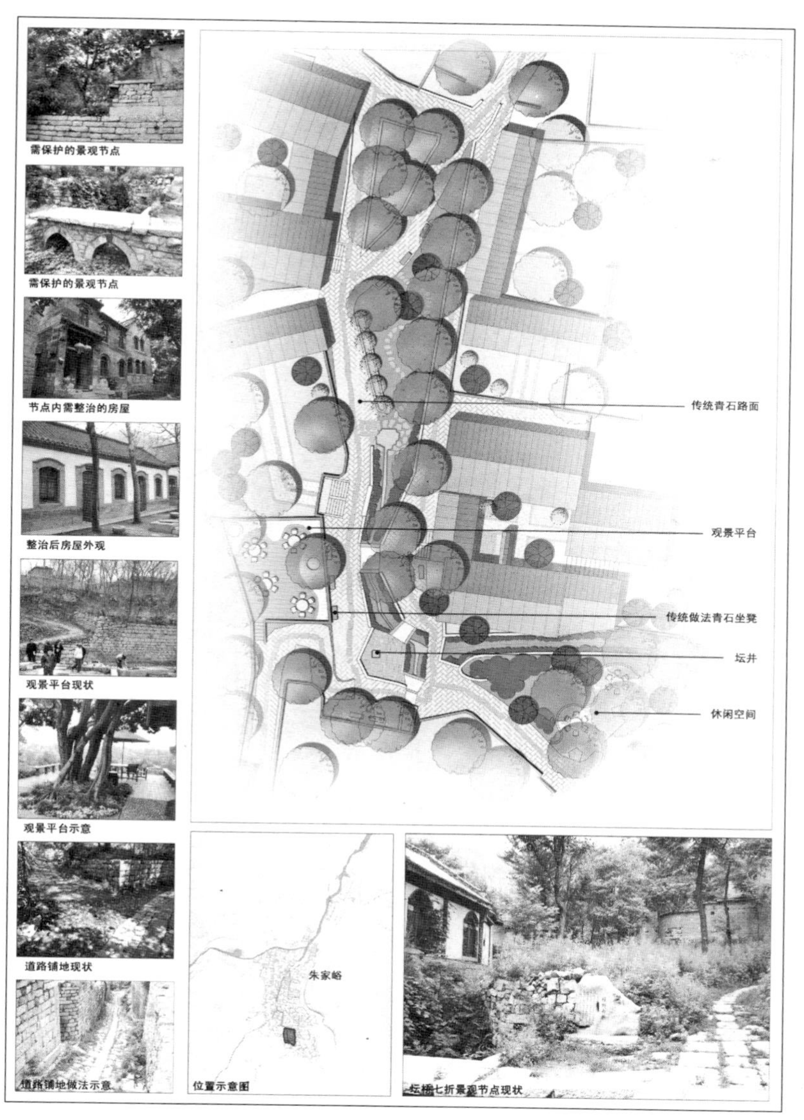

图3–65　朱家峪村主要节点设计二——坛桥七折

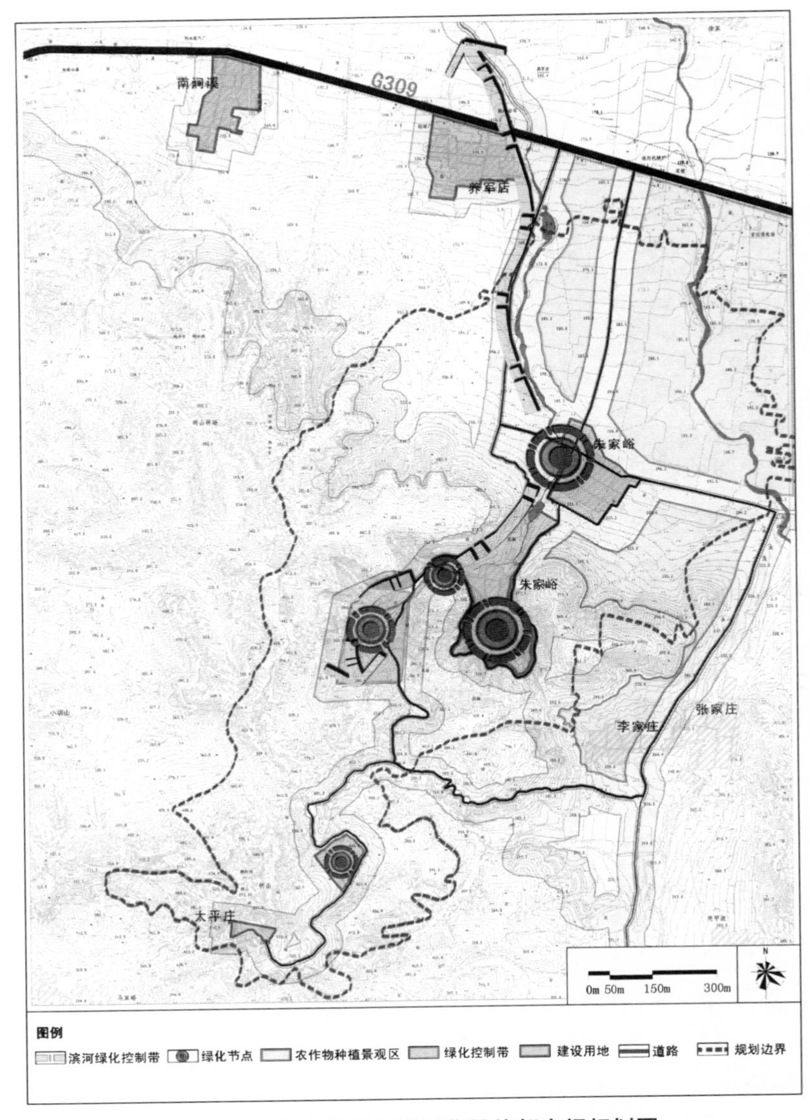

图 3–66　朱家峪村村域绿化及外部空间规划图

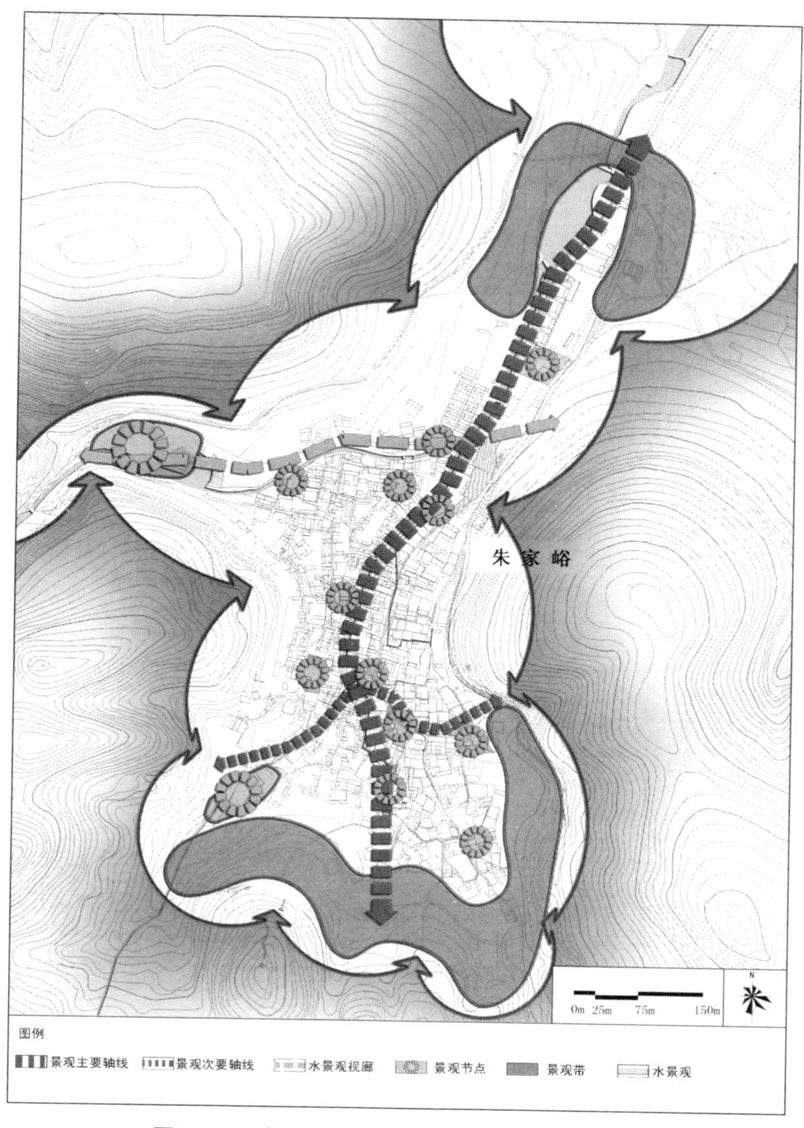

图3-67　朱家峪村老村绿化及外部空间规划图

3.5.5 遗产资源展示利用规划

朱家峪村的文物保护单位、历史建筑、历史环境要素、重要文化空间、非物质文化遗产及其网络列为展示内容，确定历史文化体验游线及风景名胜特色观赏游线两条线（见表3–7）。展示设施本着结合景点设置的原则，以满足游客休闲、游憩、娱乐为主要目标，结合村内现有建筑，更新原有建筑的配套设施与建筑功能。同时，合理计算游客容量（见图3–68~图3–70）。

朱家峪村保护建筑功能利用汇总表　　表3–7

名称	占地（m^2）	修缮要求	推荐功能	兼容功能
圩门	10	已修复	参观	降低使用强度
文昌阁	108	日常保养	参观、祭拜	
山阴小学	2905	已修复	历史、文化教育展	少量接待功能
朱氏家祠	231	维修加固	展示朱氏家族文化	
朱氏北楼	54	维修加固	名宅展示	
关帝庙	2	日常保养	参观、祭拜	
进士故居	1262	维修加固、现状调整	名人故居展	降低使用强度
女子学校	91	维修加固	文化教育展	
康熙双桥	18	维修加固	参观、登桥游览	降低使用强度
坛井	97	维修加固	参观	降低使用强度
长流泉	10	日常保养	参观	
魁星楼	102	维修加固	祭拜、道教文化展示	
鲁班庙	2	日常保养	参观	
朱家峪遗址	778	改善环境、配置标识	展示古人类文化	降低使用强度
圣水灵泉庙	2667	重点修复	参观、道教文化展示	

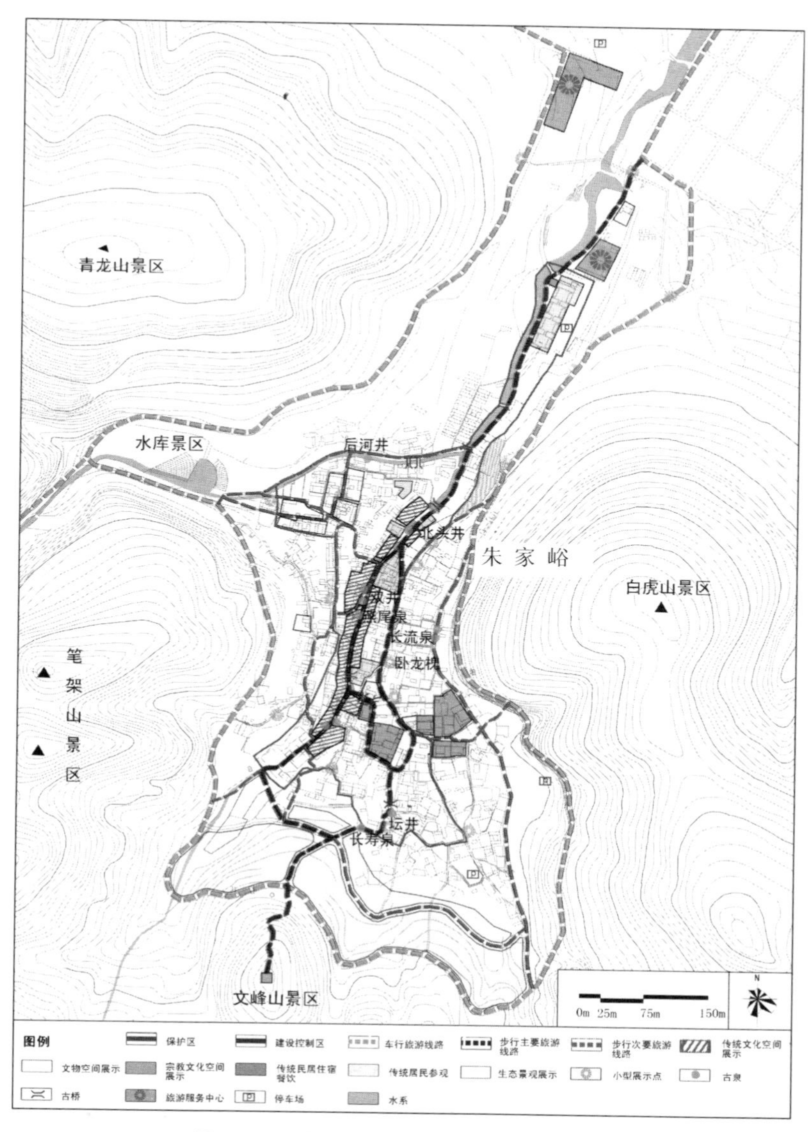

图3–68 朱家峪村遗产展示利用规划图

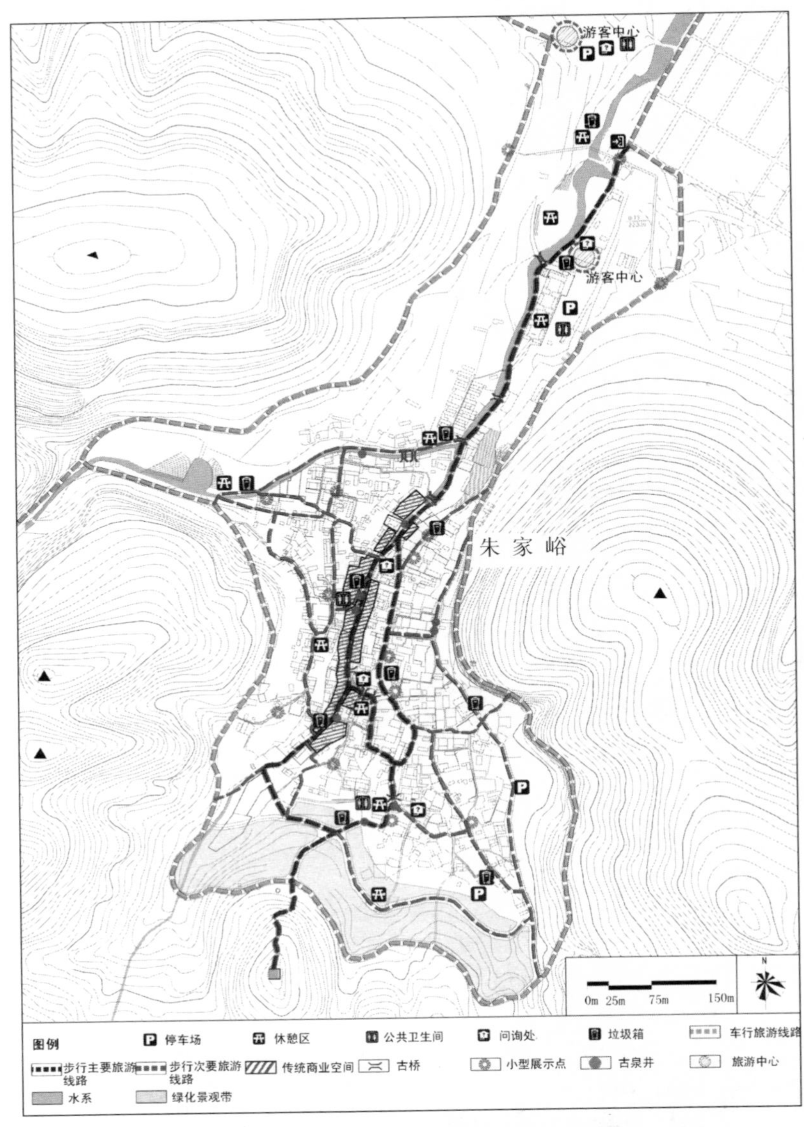

图3-69　朱家峪村展示服务设施规划图

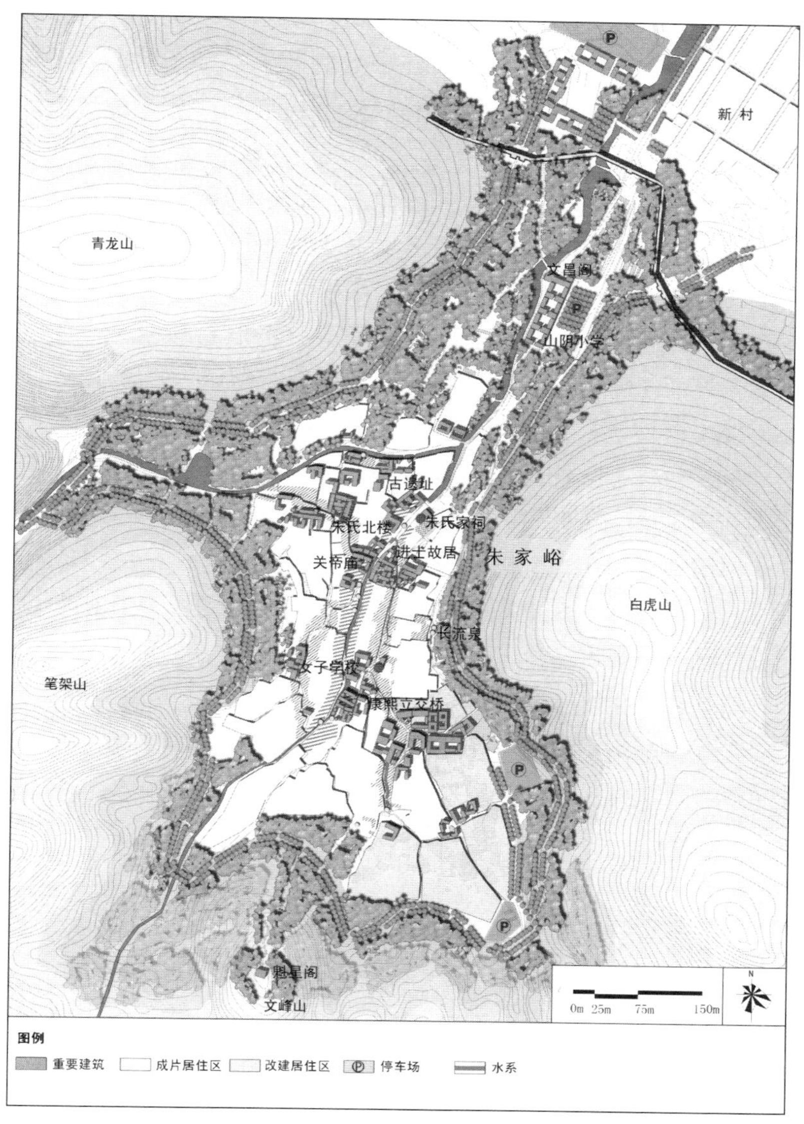

图3–70　朱家峪村历史文化特色骨架构建图

3.5.6 保护、开发模式与实施建议

规划确定了朱家峪的保护、开发策略，主要有：

（1）建立由县乡政府、村集体、鲁能集团相关人员组成的管委会，明确各方责、权、利。

（2）以保护规划编制为契机，制定并完善相关管理法规。

（3）完善老村建筑维修、整治、新建的审批制度与罚则，以法律保障文化遗产的全面保护。

（4）建立遗产保护资金收缴与利用的长效机制，以发展回馈保护，参照丽江模式，设立专项基金，实现收支两线、专款专用。

（5）以租、买并举的方式实现发展。

（6）对核心保护区内重点院落可采用房产入股、企业租赁等方式进行庭院旅游开发，实现村民与企业利益的双赢。

（7）在老村外围适当预留旅游配套发展用地。

（8）利用多种方式打造旅游品牌，如影视拍摄、艺术家论坛、企业会所、出版物等。

（9）以文化遗产为核心打造产业链。

（10）吸纳村民（尤其是失地农民）进行保安、环卫、导游、管理等工作，缓和社会矛盾。

下　篇

传统村镇保护与利用技术手册

1　总则

1.1　研究目的

为了规范、引导我国村镇科学建设和可持续发展，继承、弘扬民族和地域传统文化，促进我国文化遗产保护事业的全面、深入开展，本研究从传统村镇自然和人文资源保护与可持续利用角度出发，研究制定《传统村镇保护与利用技术手册》（简称《手册》）。

1.2　适用范围

本《手册》适用于我国所有的传统村镇，其中包括省级历史文化名镇、名村和中国历史文化名镇、名村。

2 术语

（1）传统村镇

具有较长历史，能够反映本地区的文化特色、民族特色，传统文化资源丰富，保存有一定量的文物建筑、历史建筑和传统风貌建筑，沿袭特色的传统格局和历史风貌的镇、村庄。

（2）传统街巷

具有一定建成历史，保存着一定的文物建筑或历史建筑、传统风貌建筑，能够比较完整、真实地体现村镇传统布局和历史风貌的道路、里巷。传统街巷是反映传统村镇建筑风貌和景观特色的主要廊道，其独特的线性空间肌理，不同于由单体建筑到院落组合逐级形成的块面体系。

（3）文物建筑

具有历史、艺术、科学价值的古文化遗址、古墓葬、古建筑、石窟寺和石刻、壁画；与重大历史事件、革命运动或者著名人物有关的以及具有重要纪念意义、教育意义或者史料价值的近代、现代重要史迹、实物、代表性建筑。

（4）历史建筑

经城市、县人民政府确定公布的具有一定保护价值，能够反映历史风貌和地方特色，未公布为文物保护单位，也未登记为不可移动文物的建筑物、构筑物。

（5）传统风貌建筑

具有一定建成历史，外观质量较好，能够反映历史风貌和地方特色的建筑物、构筑物。

3　技术内容

3.1　传统村镇保护与更新技术

对传统村镇的保护，可根据其价值高低、保存情况、规模大小，分为四种类型：历史文化名镇名村、风貌保护型传统村镇、格局保护型传统村镇和传统风貌建筑群。传统村镇应依据自身情况，通过评价确定相应类型，采取不同措施进行保护与更新。

3.1.1　历史文化名镇、名村的保护与更新

对于历史文化名镇、名村，应当遵照国家相关法律法规与技术规范，保持和延续其传统格局和历史环境，保护历史文化遗产的真实性和完整性，并在此前提下，正确处理经济发展和历史文化遗产保护的关系，适度有序地进行更新。

3.1.1.1　保护内容

1．保护要素的内容

主要包括：村镇范围内部的文物保护单位、历史建筑、传统街巷，村镇的传统格局、历史风貌以及与其相互依存的自然景观环境、历史环境要素和非物质文化遗产。

2．保护范围的划定

历史文化名镇、名村的保护范围包括核心保护范围和建设控制地带。在综合评价历史文化遗产价值、特色的基础上，结合现状，划定名镇、名村的保护范围。将历史文化名镇、名村内传统格局和历史风貌较为完整、历史建筑和传统风貌建筑集中成片的地区划为核心保护范围，并在核心保护范围之外划定建设控制地带。核心保

护范围和建设控制地带的确定应边界清楚，便于管理。

3.1.1.2　保护与更新措施

1．传统格局和历史风貌保护

应对历史文化名镇、名村的传统格局、历史风貌、空间尺度、与其相互依存的自然景观和环境进行保护。在历史文化名镇、名村保护范围内进行建设或非建设活动，均不得对其传统格局和历史风貌构成破坏性影响。

2．街巷保护与控制

保护村镇街巷的结构、走势、宽度以及形成街巷的建筑物的尺度。在保护范围内应防止交通性干道穿越保护范围，控制机动车交通，避免交通环境的改善对原有街巷宽度和尺度造成的破坏性影响。在保证消防安全的条件下，可以对常规消防车辆无法通行的街巷提出特殊消防措施。

3．基础设施和公共服务设施的建设与控制

在历史文化名镇、名村核心保护范围内，可以新建、扩建必要的基础设施和公共服务设施，但在城市、县人民政府城乡规划主管部门核发建设工程规划许可证、乡村建设规划许可证前，应当征求同级文物主管部门的意见。

历史文化名镇、名村核心保护范围内的消防设施、消防通道无法按照相关的标准和规范设置的，可以根据具体情况制订相应的防火安全保障方案。

传统街巷不宜引入城市热力管线，采用电采暖或燃气采暖。街巷内共敷设5种管线：雨污合流、气、水、通信（包括电信和有线电视）、电力。新增管线等尽量采取下埋式设计，埋深在当地冻土层深度以下。变电箱等设备应当与建筑进行协调处理，并遵循街巷走势与格局，避免新增设施和设备对于传统风貌的破坏。

4．建筑物、构筑物的保护、整治与新建改建扩建控制

在历史文化名镇、名村保护范围内的文物保护单位，按照《文

物保护法》要求保护。同时，应当对文物保护单位、尚未核定公布为文物保护单位的登记不可移动文物采取与文物保护单位类似的必要保护措施。对于历史建筑和建议历史建筑，按照《历史文化名城名镇名村保护条例》要求保护，维修外观风貌，改善内部设施。城市、县人民政府应当对历史建筑设置保护标志，建立历史建筑档案。建设工程选址，应当尽可能避开历史建筑。

历史文化名镇、名村建设控制地带内的新建建筑物、构筑物，应在建筑高度、体量、色彩等方面对其提出规划控制措施。

在历史文名镇、名村核心保护范围内，除必要的基础设施和公共服务设施外，不得进行新建、扩建活动。对于传统风貌建筑，在不改变外观风貌的前提下，可以进行维护、修缮、整治，改善设施等活动。对于其他建筑，根据对历史风貌的影响程度，应分别提出保留、整治、改造要求。

5. 传统文化和非物质文化遗产保护

应当发掘传统文化内涵，对非物质文化遗产的保护和传承，对承载非物质文化遗产的文化空间提出相应的保护和利用的要求与措施，并纳入历史文化名镇名村保护规划中。

3.1.2 风貌保护型传统村镇的保护与更新

对于整体风貌较好的村镇，应进行风貌保护，并在此前提下，适度有序地进行更新。

3.1.2.1 保护内容

1. 风貌保护区保护要素的构成

主要包括：街巷格局、民居院落肌理、风貌较好的民居以及铺地、井、树木、桥等环境要素。

2. 风貌保护区的划定

将传统风貌建筑集中的区片划为风貌保护区。其中，传统风貌建筑的面积占保护区总建筑面积的比例一般不小于35%，且传统风貌建筑的总建筑面积大于1500m²。风貌保护区保护边界的划定应与现状地形、道路、院落、产权、地籍边界等相结合。

3.1.2.2 保护与更新措施

1．整体风貌的保护

保护风貌保护区内的整体风貌，包括：传统村落街巷格局、民居院落肌理、风貌较好的民居以及铺地、井、树木、桥等环境要素，及其所处的景观环境。其中，传统风貌建筑应保护其具有地域性特点的外观特征，并在此前提下进行功能的改善与提升。

2．街巷格局的保护

保护风貌保护区内的传统街巷的结构、走势、宽度以及形成街巷的建筑物的尺度，应在不破坏街巷结构的前提下，进行开挖、填埋等基础设施改造以及建筑物的改建、扩建。为保持街巷的尺度，应使街巷的改建、扩建所引起的高宽比（H/D）的变化保持在40%以内（见图3–1）。

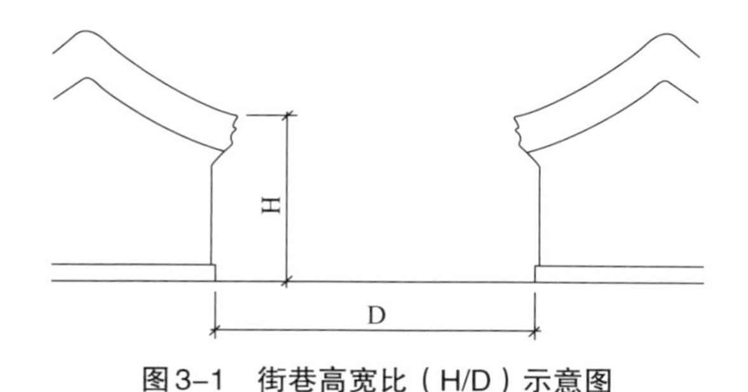

图3–1　街巷高宽比（H/D）示意图

3．公共基础设施的建设与控制

在风貌保护区内可新建、扩建必要的基础设施和公共服务设施。如需要拆除原有民居新建的公共基础设施，应维持其原有院落边界，必要时可合并2~3个院落，总面积控制在500m²以内。同时应使新建筑的形式、体量、风格、色彩与整体风貌协调一致。

风貌保护区内的道路应保持原有尺度、比例，局部可根据需要予以适当加宽。可通过对原有道路的铺装与平整，加强机动车、自行车的通行性。条件允许的情况下，可通过地面铺装等处理，标识出机动车停车位等。

风貌保护区内不宜敷设城市热力管线，宜采用电采暖或燃气采暖。街巷内可敷设5种管线：雨污合流、气、水、通信（包括电信和有线电视）、电力。新增管线宜采取下埋式设计，埋深应在当地冻土层深度以下。变电箱等设备安放应与建筑布局协调，形式上不应影响村镇风貌。

4. 民居整治与新建、改建、扩建控制

风貌保护区内的传统风貌建筑应保持原有的高度、体量、外观形象及色彩等特征。对局部损坏尚可使用的房屋、院落，保留其尚可使用的部分，改造破损部分。对严重损坏的房屋、院落，在不破坏整体风貌的前提下，可拆除新建。对新建、改建、扩建的民居，应根据当地主要传统建筑形式确定层数和每层高度，总高度不得超过当地主要传统建筑形式一层以上。新建民居坡顶坡度宜参照当地主要传统建筑坡顶形式，其坡度变化不超过当地主要建筑形式坡顶坡度的20%。

5. 绿化景观的控制

应积极保护和改善风貌保护区内的绿化景观。绿化形式应因地制宜，主要采用本地植物物种，并保护和利用现有树木与植被。

3.1.3 格局保护型传统村镇的保护与更新

对整体风貌一般，新旧建筑并存，但格局较完整的村镇，应进行格局保护。重点保护此类村镇中比较完整的街巷格局和院落结构，并在此前提下，进行有机更新。

3.1.3.1　保护内容

1．格局保护区保护要素的构成

主要包括：街巷的结构、走势、宽度，形成街巷的建筑物的尺度，院落的结构、边界等要素。

2．格局保护区的划定

将街巷格局清晰、院落边界明确的区片划为格局保护区。其中，格局保护区占地面积宜大于2500m^2。格局保护区保护边界的划定应与现状地形、道路、院落、产权、地籍边界等相结合。

3.1.3.2　保护与更新措施

1．街巷格局的保护

保护格局保护区内的街巷的结构、走势、宽度以及形成街巷的建筑物的尺度。应在不破坏街巷结构的前提下，进行开挖、填埋等基础设施改造以及街巷的改建、扩建。为保持街巷的尺度，街巷两侧的建筑的改建、扩建所引起的街巷的高宽比（H/D）的变化应在40%以内。对局部已经遭破坏的街巷格局可适度恢复。

2．院落格局的保护

保护格局保护区内的院落结构与边界。应严格控制院落合并，必要时可合并院落，但数量不应超过4个单体院落，总面积控制在750m^{2}以下。

3．公共基础设施的建设与控制

格局保护区可新建、扩建必要的基础设施和公共服务设施，新建、扩建公共基础设施应维持原有院落边界。

格局保护区内的道路应保持其原有尺度、比例，局部可根据需要加宽。宜通过对原有道路的铺装与平整，加强机动车、自行车的通行性。在条件允许的情况下，可通过道路铺装的处理，标识出机动车停车位等。

格局保护区内不宜集中敷设城市热力管线，宜采用电采暖或燃气采暖。街巷内宜敷设5种管线：雨污合流、气、水、通信（包括电信和有线电视）、电力。新增管线宜采取下埋式设计，埋深应在当地冻土层深度以下。

4．传统风貌建筑整治与新建、改建、扩建控制

保护与维修格局保护区内质量较好的传统风貌建筑，保持其原有的高度、体量、外观及色彩等。对格局保护区内非保护类建筑以及弃置地等，可进行新建、改建、扩建，并在形式上与格局保护区的格局相协调。

5．绿化景观

应积极保护和改善格局保护区内的绿化景观。绿化形式应因地制宜，主要采用本地植物物种，并保护和利用现有树木与植被。

3.1.4　传统风貌建筑群的保护与更新

对于城市边缘地区或与现代建成区片相交错的风貌较好的传统建筑群，宜进行风貌保护，并在此前提下，适度有序地进行合理利用、改建、扩建。

3.1.4.1　保护内容

1．传统风貌建筑群保护要素的构成

主要包括：传统街巷、院落肌理、传统风貌建筑以及铺地、井、树木、桥等环境要素。

2．传统风貌建筑群的划定

将传统风貌建筑集中的区片划为传统风貌建筑群。其中，传统风貌建筑用地面积占总建筑用地面积的比例不小于70%，且传统风貌建筑的总用地面积大于1500m^2。传统风貌建筑群的保护边界的划定应与现状地形、道路、院落边界等相结合。

3.1.4.2　保护与更新措施

1．传统风貌建筑群的保护

应保护传统风貌建筑的外观特征，并在此前提下进行功能改善与提升。可对建筑内部的结构形式、空间布置、使用功能等做适当

调整或更新。

2．传统街巷格局的保护

保护传统街巷的走势、宽度以及形成街巷的建筑物的尺度，应在不破坏街巷结构的前提下进行开挖、填埋等基础设施改造以及街巷的改建、扩建。为保持街巷的尺度，街巷两侧的建筑的改建、扩建所引起的街巷的高宽比（H/D）的变化应在40%以内，局部可以适当拓宽。

3．公共基础设施的建设与控制

在传统风貌建筑群保护范围内可新建、扩建和增建必要的基础设施和公共服务设施。新增设施可以改造利用原有的传统风貌建筑，也可适当新建房屋。新建房屋应当与传统风貌建筑相协调。

传统街巷不宜引入城市热力管线，采用电采暖或燃气采暖。街巷内可敷设5种管线：雨污合流、气、水、通信（包括电信和有线电视）、电力。新增管线等尽量采取下埋式设计，埋深在当地冻土层深度以下。

4．新建建筑控制

新建建筑单体应当与传统风貌建筑相协调。对新建、改建、扩建的民居，其高度与层数应以当地传统建筑的一般情况为参照，高度不宜超过当地一般传统建筑的高度一层以上。新建坡顶建筑的屋顶坡度宜参照当地传统建筑的坡顶形式，其坡度变化不宜超过当地多数传统建筑的坡顶坡度的20%。

5．绿化景观

应积极保护和利用原有名木古树，因地制宜地选择绿化树种，以本地植物物种为主。景观绿化宜与外围的建成环境相结合。

3.2 传统风貌建筑功能提升规划控制技术

针对传统风貌建筑的功能提升改造提供规划控制技术指导，确保在传统村镇风貌不受影响的前提下，实现传统民居的现代化改造。其中包括自然采光通风改善规划控制技术、使用面积改善及使用功能提升规划控制技术、污水处理规划控制技术、节能改造规划控制技术等四方面。

3.2.1 自然采光通风改善规划控制技术

传统风貌建筑原有自然通风采光条件普遍较差，宜通过适当提高标准、采用增加采光面积、提高环境漫反射效率、增开背窗等方法对其进行改善。

3.2.1.1 自然采光改善参考标准

传统风貌建筑改造后，各类型房间窗墙比应达到如下水平，见表3–1：

各类型房间窗墙比　　表3–1

房间类型	窗墙比
客厅（堂屋）	1/8
卧室	1/8-1/10
辅助性房间	1/12-1/14

3.2.1.2 增加侧窗有效采光面积

（1）增加侧窗有效采光面积时，应控制其面积与比例，使之与村镇整体风貌及街巷立面景观相协调（见图3–2）。

传统风貌建筑沿街墙面增加侧窗，应注意与其他侧窗比例协调，单窗尺寸不宜过大。已有侧窗的沿街墙面，其新增侧窗面积不宜超过原有窗洞面积的100%；原无侧窗的沿街墙面，其新增侧窗面积不宜超过墙面总面积的10%（见图3–3）。在保证结构安全前提下，可采取多种形式增设或改造传统风貌建筑院落内部的侧窗。

（2）窗楞形式比较繁复的传统风貌建筑，可采用简化窗楞或双层窗的方式，增加通光量。

图3-2　自然采光改善：海南省三亚市保平村陈宅改造后细长、尺寸适中的窗型

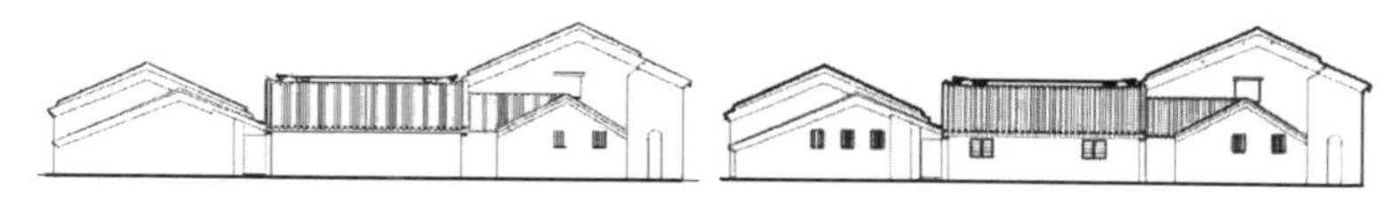

图3-3　无窗洞墙面增开窗洞示意，增开面积约占墙面总面积10%

3.2.1.3　增加顶部采光

（1）坡屋顶覆瓦的传统风貌建筑，可采取增设亮瓦的方式改善自然采光。一般每组1~2列，每列2~4片亮瓦，但不宜在紧邻街巷面向公共空间界面的坡顶上使用。

（2）有露台的传统风貌建筑，可结合露台及露台附近的山墙面增设天窗。

3.2.1.4　改善环境漫反射效率

（1）庭院式民居宜通过修剪绿植及粉刷院落墙壁的方式，增加院内日光漫反射强度，提高民居室内采光条件。

（2）通过增设排烟设施，将起居、卧室与厨房分开，粉刷或清洁室内墙壁等方法，改善室内墙壁的漫反射水平，提高室内采光条件。

3.2.1.5　改善自然通风

宜通过增开北向侧窗的方式，促进室内对流，改善自然通风。

3.2.2 使用面积调整及使用功能提升规划控制技术

传统村镇居民生活、生产方式的变化，促使传统风貌建筑对使用面积进行合理调整，对使用功能进行相应提升。根据农户的日常生活、农业生产和工商服务业活动的不同需要，对传统风貌建筑采用如下方法和技术加以改善、提升。

3.2.2.1 适应农户日常生活、农业生产活动的功能改善

（1）储藏空间在进行保温、通风和采光改善后，可将其改作其他功能空间。

（2）厨房、卫生间等功能房间的现代化改造，走线应集中、隐蔽，必须露明的，应在色彩上进行协调处理（见图3–4）。

（3）首层用于圈养牲畜的传统风貌建筑，宜将牲畜在院内独立圈养或集中圈养，对首层房间进行保温、通风和采光改善后，可作为其他功能用房（见图3–5）。

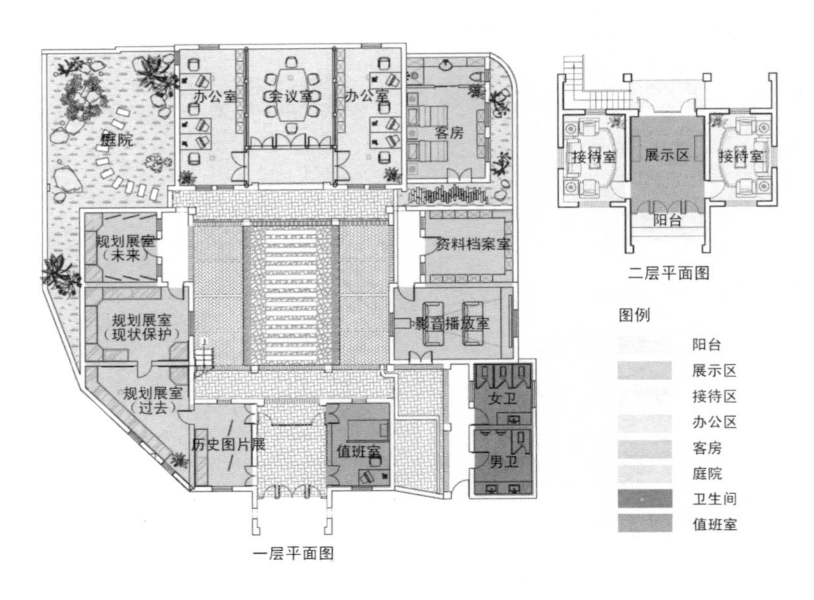

图3–4 功能改善示意：海南省三亚市保平村陈宅改建

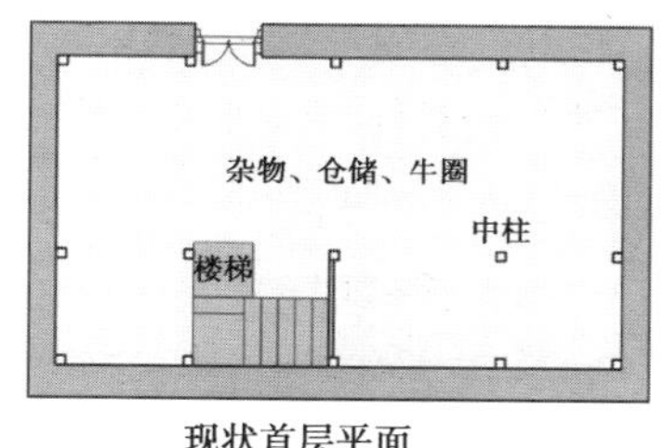

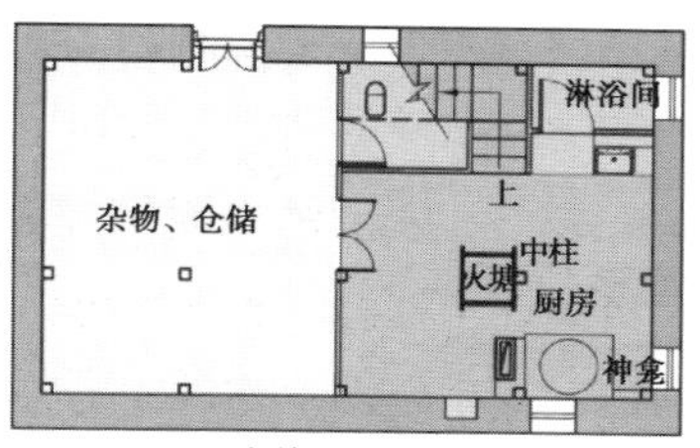

改善后首层平面

图3–5　功能改善示意：云南省元阳县哈尼族传统民居

（4）集中圈养地用地规模，按照7~8m²/头预留建设用地，每5~10户可设置一处集中养殖点。

（5）集中圈养地的选址应满足卫生和防疫要求，宜布置在村镇常年盛行风向的侧风位或夏季主导风向下风位，通风、排水条件良好，并应与村镇民居保持防护距离，同时不宜过远。服务半径宜控制在250m内。

（6）院落式民居扩建房屋时，应严格控制扩建部分对院落的占用，不应侵占院落主体部分。

3.2.2.2　适应小型工商业活动的功能改善

（1）平面布局改造可采用前店后居或下店上居的模式。公共和私密功能宜分区组织。

（2）庭院式传统风貌建筑可利用院落空间架设棚架，种植藤萝，或设置遮阳篷布等临时性设施，满足商业接待需求。

3.2.3　污水处理规划控制技术

传统风貌建筑普遍缺乏污水处理设施，可将粪便污水与生活污水分别进行预处理，减少环境污染，改善环境品质。

3.2.3.1　粪便污水规划控制技术

（1）粪便污水可利用化粪池进行处理。设置小型化粪池处理的，应至少以5户为一组，每组预留3m²建设用地。化粪池的选址距取水构筑物不得小于30m，距建筑物外墙净距不宜小于5m。

（2）有条件的地区，可利用沼气池进行粪便污水处理。

3.2.3.2　生活污水规划控制技术

（1）在水资源匮乏地区可由各户分散直接处理。

（2）在水资源丰富的南方地区，可利用天然洼地、水塘等形成生活污水处理系统。水深控制在30~60cm，湿地面积人均$10m^2$。湿地种植采用当地常用的水生及湿生景观植物，对废水进行截滤后再排出。

3.2.4　节能改造规划控制技术

传统村镇生产生活的现代化增加了对能源的消耗，通过沼气利用、太阳能利用、保温节能等，有效减少不可再生能源的使用，保护传统村镇生态环境。

3.2.4.1　沼气利用技术

（1）沼气池宜设计在庭院背风向阳之处，家用水压式沼气池在每户分别建设时，沼气池应建在畜禽舍和厕所下，便于及时进料，冬季保温和清洁卫生。

（2）沼气池可结合集中圈养设置，但需避免沼气输送入户过程中的压力损失过大。

3.2.4.2　太阳能利用技术

（1）太阳能集热器应朝南设置，并根据当地纬度具体设置倾斜角度。

（2）太阳能集热器应避免设在主要街巷两侧；庭院式民居宜设在院中日光充足处；单幢式民居，宜结合露台、晒台等设置。

3.2.4.3　保温节能技术

（1）夏热冬冷、严寒和寒冷地区的传统风貌建筑，宜增设内保温层，并应符合有关节能设计标准的规定。

（2）内保温层的设置，应与室内环境相协调，并应符合有关消防规范标准的规定。

（3）通过更换气密性好的木玻窗或塑钢门窗等，增加传统民居的保温性能。对需保护的传统门窗，可在内侧加装气密性好的门窗。

3.3 传统村镇消防规划技术

3.3.1 建筑耐火与平面布局规划

（1）针对传统村镇保护需求，对于老屋结构难以进行全面改造的，可借助修复改建时对可燃建材进行阻燃处理；对于古建筑增设避雷装置等。

（2）结合道路布局，将老村划分为不同的建筑组群，控制每组建筑群占地面积不超过2500m²，但组与组之间的防火间距不应小于10m，其组内建筑的防火间距不限。

（3）结合道路规划，控制山林边缘与传统村镇中建筑保持300m间距，对于不能满足上述要求的区域，可在山林边缘设置防火墙。

（4）三、四级耐火等级建筑之间的相邻外墙宜采用不燃烧实体墙，相连建筑的分户墙应采用不燃烧实体墙。建筑的屋面宜采用不燃材料，当采用可燃材料时，分户墙应高出屋面不小于0.5m。建筑之间的连接顶棚不应采用可燃、易燃材料。

3.3.2 消防道路规划

（1）结合道路规划，增设一条通向外部城市干道的村镇道路，并使两条村镇道路满足消防车通行要求。

（2）结合道路规划，在老村周边增设环形消防车道。

（3）消防车道要求：车道的净宽、净空高度不宜小于4m；能承受消防车的压力；尽头式车道满足回车要求。

（4）供消防车通行的道路严禁设置隔离桩、栏杆等障碍设施，不得堆放土石、柴草等影响消防车通行的障碍物。

3.3.3 消防给水规划

（1）室外消防用水量按同一时间发生一次火灾，一次火灾按持续2小时计算，水量取10升/秒。规划一座消防水池，消防用水有效容积为250立方米，可满足2小时消防的用水量。规划消防水池与给水厂清水池合建，消防水池应采取消防用水不作它用的技术措施；消防水池应采取防冻措施。

（2）结合给水工程规划，室外消防给水管网呈环状布置，干管管径DN150，支管管径不小于DN100。

（3）结合道路布局，设置若干室外消火栓，室外消火栓应沿道路设置，并宜靠近十字路口，消火栓距路边不应大于2m；消火栓间距不宜大于120m，消火栓与房屋外墙的距离不宜小于2m。消火栓采用地下式时，应有100mm和65mm栓口各1个。地下式消火栓的设置应有明显标志，尤其是应有夜光标志。末端消火栓的水压不应小于0.10MPa。

3.3.4 消防点设置规划

（1）在村镇内设置固定地点（有存储消防设备的房屋一间）；

（2）配置消防水枪、水带、手提式灭火器及破拆工具；有条件时增设配置有若干灭火器或简易灭火装置的消防摩托；

（3）设置明显的标识和便于村民报警的火警电话；

（4）配置10名有义务、志愿或治安与消防联防等多种形式的消防队员。

3.3.5 其他规划

（1）应设火灾报警电话，与城市消防指挥中心、供水、供电、供气等部门应有可靠的通信联络方式。

（2）改进老村用火火源，避免使用木材、柴草作为火源；对于保护性古建筑（耐火等级低的建筑），作为重点防火建筑，禁止明火使用。

（3）逐步改造供电线路，防止私搭乱接。1kV及1kV以上的架空电力线路不应跨越可燃屋面的建筑。

（4）有厨房场所配置手提式灭火器。

（5）在适当地方设置普及消防安全常识的固定消防宣传点；山林重点防火区域应设置防火安全警示标志。

（6）建立健全消防责任制。村民委员会应当开展群众性消防工作，制定防火安全公约，进行消防安全检查，镇(乡)人民政府应当予以指导和监督。

（7）村民院落内堆放的少量柴草、煤炭和饲料等与建筑之间应采取防火隔离措施，且严禁在存储易燃物房间内设置用火设施。

（8）村民院落内的日常用火设施（如：炉灶）的上方和周围1.0m范围内不宜堆放柴草等可燃物，周围1.0m范围内的墙面、地面等应采用不燃材料。

3.4 旅游发展规划技术

依托传统村镇良好的历史文化资源及生态景观资源发展旅游是对传统村镇进行利用的途径之一。与一般的旅游区相比，传统村镇发展旅游具有一定的特殊性，体现在资源潜力与发展限制两个方面。

从资源潜力来讲，传统村镇的旅游资源潜力具有人文资源与生态资源相混合、乡土特征突出、参与体验性强等特点。

发展限制方面则要考虑到传统村镇的历史文化遗产与生态环境的综合承载力以及生产生活的可持续发展两方面的因素。

这些特殊性也相应地体现在旅游发展规划技术上。

从普适性角度考虑，本技术手册不考虑对于将旅游作为唯一主导型产业的传统村镇旅游发展规划技术。

3.4.1 旅游容量估算

我国相关法律法规与技术规范中对于传统村镇旅游承载力与旅游容量的内容各有涉及，但总体而言并不系统。

《文物保护法》中提出“基本建设、旅游发展必须遵守文物保护工作的方针，其活动不得对文物造成损害”，《历史文化名城名镇名村保护条例》在第四十三条要求对旅游可能带来的问题进行严格限制。

《历史文化名镇名村保护管理办法（征求意见稿）》中第二十一条提出“在保护历史文化名镇、名村的文化与自然环境的前提下，明确资源合理利用的目标和内容，核定资源利用的环境容量，核定旅游人口容量，提出资源合理利用的措施与建议。”

《旅游规划通则》（GB/T18971—2003）中明确界定旅游容量的定义为“在可持续发展前提下，旅游区在某一时间段内，其自然环境、人工环境和社会经济环境所能承受的旅游及其相关活动在规模和强度上极限值的最小值”，并要求旅游规划应“提出规划期内的旅游容量”，并要求根据旅游资源的类型来确定其旅游容量。

一般的旅游规划中常用旅游容量计算方法包括生态承载与空间容量承载两方面的计算方法。本《手册》认为对并非以发展旅游作为主导产业的绝大多数传统村镇而言，空间容量承载方法更为适用。但在计算中必须考虑对文化遗产的保护及避免对原生态生产、生活的过分干扰。

传统村镇承载游客的空间可分为两类，一类是传统民居，计算时可采用面积法，另一类是传统街巷，计算时可采用线路法。将两种方法得到的旅游容量相加即为总的旅游容量。

面积法计算方法（见表3–2）：

面积法计算示例表 表3–2

旅游资源	计算面积（m^2）	计算指标（m^2/人）	一次性容量（人/次）	周转率（次/日）	日游人容量（人）
历史建筑及传统风貌建筑	S1	50	S1/50	10	10 × S1/50
民居类文保单位	S2	20	S2/20	10	10 × S2/20

其中在人均面积计算指标上应结合具体情况取较高量值（一般风景区为5~50m^2/人），有村民生产生活的民居应取较高量值，文物保护单位要考虑旅游人数过多时对文物本体的威胁，周转率指标上则取较低量值，避免出现传统村镇过于拥挤，影响原生态的村镇氛围及村民生产生活。

线路法计算方法示例（见表3–3）：

线路法计算示例表 表3–3

旅游资源	计算长度（m）	人均计算指标（m/人）	一次性容量（人/次）	周转率（次/日）	日游人容量（人）
传统街巷	L	10	L/10	5	5 × L/10

其中在人均线路计算指标上应结合具体情况取较高量值（一般风景区为5~10m/人），周转率指标上则取较低量值。

3.4.2 旅游产品、路线设计

3.4.2.1 旅游产品设计

充分利用传统村镇的历史文化资源和自然资源，深入挖掘旅游发展潜力，通过综合分析，明确地方发展旅游业的优势和劣势，找准定位，打造具有地方特色和持续竞争优势的旅游产品，旅游产品的设计可从以下几方面着手：

观光游览型——包括文化景观、农业景观、传统街巷、传统河道等。

体验参与型——包括民风民俗、传统技艺、农业耕作等。

教育学习型——包括革命史迹、地方名人轶事、乡规民约、家训族谱等。

影视会展型——影视拍摄、论坛峰会等。

在旅游产品设计与引入时，要重点研究非物质文化遗产的利用、地方特色的彰显，避免旅游产品的简单抄袭。

3.4.2.2 旅游线路设计

合理设计旅游线路。通过对主要文化景观、观景视廊、重要公共建筑等进行分析，确定能够串联传统村镇历史文化遗产及生态景观资源的参观游览路线。旅游路线的设计要充分考虑村镇空间环境的变化，以文化景观、重要公共建筑、主要历史环境要素等为节点，综合观赏性、参与性的内容，进行旅游线路设计。

3.4.3 旅游服务设施规划

充分满足游客对“食、住、行、游、购、娱”六要素中“游”之外的五项要求，合理规划旅游服务设施的类型、数量、规模和位置，以保障旅游业的积极、健康发展。

旅游服务设施规划中尤其需要特别注意以下几点：

（1）大型旅游服务设施尽量安排在老村老镇的外围，减少对传统风貌地区的影响和破坏。

（2）从集中、高效利用出发，尽量避免设施的闲置和浪费，要尽量考虑将旅游设施与村民日常文化活动需求结合起来。

（3）规范餐饮住宿设施的总量、级别与分布，避免过度开发和低品质经营。

3.5 传统民居建筑风貌修缮技术

经过长期研究与实践积累，我国已形成较为系统的古建筑修缮技术，包括国家规范、技术手册或专著等，如《古建筑木结构与木质文物保护》、《中国古建筑修缮技术》、《台湾地区文物建筑保护技术与实务》、《古建筑修建工程质量检验评定标准（南方地区）》（CJJ70—96）、《古建筑木结构维护与加固技术规范》（GB 50165—92）等。总体而言，这些古建筑修缮技术多针对用材精良、精工细作、设计建造总体规范的官式建筑，或者针对价值突出、从资金与技术力量上可予以重点保障的文物保护建筑。但对于传统村镇民居建筑的修缮，这些古建筑修缮技术并不完全适用。

传统村镇民居建筑修缮的特殊性体现在：

（1）我国传统民居建筑区别于宫殿、坛庙等官式做法，形成以木构架为基本结构形式、结合地区特征的若干延伸体系，包括木构架 + 生土（如福建土楼）、木构架 + 生土 + 砖石（如新疆阿以旺）、木构架+砖石（如西康、青藏高原等地的碉楼）。此外也有诸如窑洞或毡包等非木构架民居，但它们的总量有限，不占主流。其中生土结构等做法完全不见诸于上述古建筑修缮技术体系，而古建筑中级别较高或过于复杂的做法如多踩斗拱、重檐屋顶等在传统民居中几乎难以见到。

（2）传统民居建筑的修缮往往受限于资金与施工技术力量。《古建筑木结构维护与加固技术规范》（GB50165—92）中第1.0.5条要求“从事古建筑维修的设计和施工单位，应经专业技术审查合格，其所承担的任务，应经文物主管部门批准。”上述古建筑修缮技术中很多对材料成本、施工设备、技术难度等提出很高要求。传统民居建筑的价值与产权决定了其修缮过程中资金来源多为居民房主辅以有限的补助，施工队伍也很难对其资质有过高要求，甚至有可能为民间自组的工程队。

（3）传统村镇民居建筑修缮重在对传统风貌的延续。传统村镇中的建构筑物分为文物建筑、历史建筑、传统风貌建筑，这三个级别从修缮原则的要求而言不尽相同，文物要求“不改变文物原状”，历史建筑要求“保护原有风貌、建筑内部可进行改建”，传统风貌建筑则要求“传承传统做法，做到风貌协调”。修缮原则的不同也会反映在具体的修缮技术上。但总体而言，传统村镇民居建筑修缮的共同要求是对“传统风貌”的延续，也就是强调建筑外观可看到的部分或与之紧密相关的部分应该从真实性的角度进行原材料、原工艺的修缮或建造，包括墙体、屋顶、室外地面，以及与之紧密相关的地基、木构架及小木作（装饰）。对整体风貌不产生影响的部分可不提统一的修缮技术要求，可结合其价值或保护级别另行处理，如屋内楼地面、内檐装修、天井等。

本技术手册着眼于传统村镇民居建筑修缮的特殊性，具有以下特点。

（1）综合了传统村镇民居中最为常见的木构、砖石土木混合、夯土三种结构形式，涉及技术包括夯土墙的材料、构造、施工工艺，石材墙体的加固、更换、修复等。综合了不同地区的传统民居修缮做法，如南北方不同的瓦屋面修复等技术。

（2）不求全、不求新，从实用、便宜、可靠的角度出发，对现有古建筑修缮技术进行删选，并结合编写者的工程实践进行优化与简化，包括施工用材、施工设备、施工工艺等方面。用材限于砖木石、水泥、灰泥、钢筋、钢箍、环氧树脂等当地或建材市场便于购得的材料。需用设备除一般施工队伍的常用设备外，增设铁钎、鬃刷、小型钻机、小型水枪等。施工工艺上以地方传统做法为主，增加的工业环节尽量限于目测检验、度量检验、简单清洗、加固、填补、替换、墩接、打牮拨正等内容。

（3）从保护与延续“传统风貌”的角度出发，选择与“风貌”直接相关的建筑修缮内容。最终形成瓦石作、大木作、小木作三大部分，地基基础、楼地面、夯土墙体、砖作墙体、石材墙体、屋面修复、木柱修复、梁檩枋修复、斗拱保护、梁架整体加固、门窗保护、油漆彩绘修复等十二个技术方面的技术内容。

3.6 传统建（构）筑物的保护分级与保护技术

3.6.1 传统村镇建（构）筑物保护原则

1. 整体性保护原则

保护传统村镇风貌及环境的整体性是贯穿传统村镇保护的重要理念，重点体现于保护地理环境与历史风貌、物质遗产与非物质文化遗产的整体性。就传统村镇建筑而言，作为历史环境中完整风貌的主要组成部分，应注重保护其院落格局、单体建筑的使用材料与构造做法、建筑细部的地域风格与乡土装饰等方面。

2. 历史真实性保护原则

历史真实性保护原则，以保护能体现地域历史文化的建（构）筑物为基本目标，从而保护其所遗存风貌的历史信息。对于必要的新建建筑以及部分历史古迹的重建，应采取审慎的态度，以科学的方式建立建筑档案，明确标示历史建筑遗存与新建仿古建筑。

在许多有经济条件的地方，为了呈现出历史文化名镇名村应有的古城风貌，建设了许多仿古的建筑和景点，或者从相邻的地区购置迁移古建筑来进行“保护”。如果仅仅依赖于这种方式，而对现存的历史遗存，因其结构简单、环境较差或不能带来经济效益而不予重视甚至将其拆除，那就失去了历史的真实性，也就失去了保护的意义。

3. 保护与发展的永续性原则

传统村镇中，保护与发展是相辅相成的，要正确认识和处理保护与发展的关系：保护是发展的前提，发展是保护的目的。

作为人类聚居的场所，传统村镇的保护不应是现状的维持，而应在保持传统村镇风貌与文化延续的情况下，着眼于传统村镇人居环境的改善与提高，这些是传统村镇得以持续保护与发展的必要条件。

3.6.2 传统村镇建筑的结构及构筑特点

我国传统村镇建筑，基于人力、财力、材料及技术的不同，一直呈现着就地取材、因地制宜、实效多样的特点，例如山区多以石材为主要建造材料，林区则多用木构。因而传统村镇建筑式样变化多端、地方特色鲜明，建筑技术灵活。

就传统村镇建筑结构与构筑特点而言，木构架承重体系为我国传统村镇建筑的主流形式，主要有抬梁式、穿斗式、井干式几种体系。我国北方地区，如北京、山东、河北等北方地区，多为抬梁直梁系木构架体系；而江浙、皖南等地多为抬梁月梁系木构架体系或抬梁穿斗混合体系；四川、云南等地亦多用穿斗体系；东北、云南等地的林区，则多用木构井干式。

木构架延伸体系主要有：①土楼，分布于福建、广东、赣南；②阿以旺，分布于新疆南部；③碉楼，主要分布于西康、青藏高原、内蒙古等地。非木构架体系主要有：①窑洞，主要分布于豫西、晋中、陇东、陕北、新疆吐鲁番一带；②毡包，主要分布于内蒙古、新疆一带。总体而言，我国传统村镇建筑呈现了以木构架为主流，并存多种形态的多元化面貌。

3.6.2.1 各结构类型传统村镇建筑的典型特点

1. 木构建筑

木构建筑是我国传统村镇建筑中长期、广泛使用的主流建筑类型，由于木构建筑以木材作为其承重构架，砖石墙体仅起到维护作用，故有“墙倒屋不塌”之说。木构建筑取材方面、便于加工、适应性强、抗震性能好、施工速度快、便于修缮、搬迁的特点。

2. 砖石建筑

砖石传统建筑是指以砖石材料承重、结顶的历史遗存建筑。我国传统村镇建筑中，由于砖石材料不易加工、不便运输，多见于就地取材方便的山区及部分有山的平原地区。由于我国古代砌体粘结材料多以石灰、粘土为主，结顶技术多以筒券、叠涩为主，整体风貌较为厚重、风格较为硬朗、雕塑感极强。

3. 生土建筑

生土建筑主要用未焙烧而仅作简单加工的原状土或（蚝/石）灰、砂三合土为材料营造主体结构的建筑，主要包括窑洞建筑、夯土建筑、土坯建筑等类型。作为一种最古老而迄今还一直被广泛采用着的建筑类型。生土建筑反映了中国广大黄土地区、部分沿海地区的风土民情和环境特色，是勤劳智慧的劳动人民认识自然、利用自然、改造自然的杰作；是名符其实的节能建筑，是我国劳动人民因地制宜长期经验的积累。

3.6.2.2 不同结构类型传统村镇建筑保护技术探讨

1. 木构建筑

木构建筑承重结构由于采用线性木材杆件作为其承重体系，而柱、梁、檩枋等构件之间的结点以榫卯铰接，构成富有弹性的承重框架。这形成了古代木构建筑结构的诸多特点与优点。

（1）木构建筑基础

由于木材材质较轻，我国古代木构建筑基础一般较浅，基础类型多以独立基础（柱基础）、条形基础（维护墙体基础）为主。根据现今考古发掘资料，两基础之间多有沉降缝。基于这样的构造特点，传统村镇建筑因各部位下沉不均匀或因基础居于冻土层之上而损坏以致出现构件倾斜、榫卯脱离、墙体割裂等问题。传统村镇建筑保护技术中首要关注的即是基于地表建筑的地基基础勘探，部分建筑则需地质勘探及基础质量检测报告。

（2）木构建筑承重体系

木构建筑由于采用木构作为承重体系，承重与围护结构分工明确。荷载由木构架来承担，外墙起遮挡阳光、隔热防寒的作用，内墙起分割室内空间的作用。但由于木材容易腐朽，传统木构建筑极易出现因柱根腐朽而发生承重体系的根本性变化，如木构承重变为墙体承重。在木构建筑保护技术措施中，墙体的拆除要十分慎重，切不可基于木构建筑的固有特点贸然拆除墙体以致墙倒屋塌。

（3）木构建筑杆件结构

木构建筑的施工特点是先将结构构件预制好而后进行组合拼装，且各构件之间的结点以榫卯铰接。基于对传统建筑最小扰动的理念，针对传统木构建筑部分构件腐朽、劈裂、倾斜、歪闪、拨榫、滚动等具体问题可采用打牮（jiàn）拨正、局部支撑以拆除、修补或更换残损构件等技术，以最大限度的保存传统建筑的历史信息与价值。

2. 砖石土木混合建筑

砖石、砖木混合结构建筑是指以砖石、砖木、砖土（夯土、土坯）材料混合承重结顶的建筑。我国传统村镇遗存建筑中，少有完全以单一材料营造的砖建筑、石建筑，即使在山区，亦多以木构承接屋顶荷载而后传递给石作墙体，以石木混合承重呈现（见图3-6）。砖作善于抗压而乏于出挑，木材不善抗压而便于支挑。石材宜于荷载的均衡及砖作砌体的拉结。砖木、砖石历史建筑充分体现了我国古代工匠对不同材料特性的精准把握。

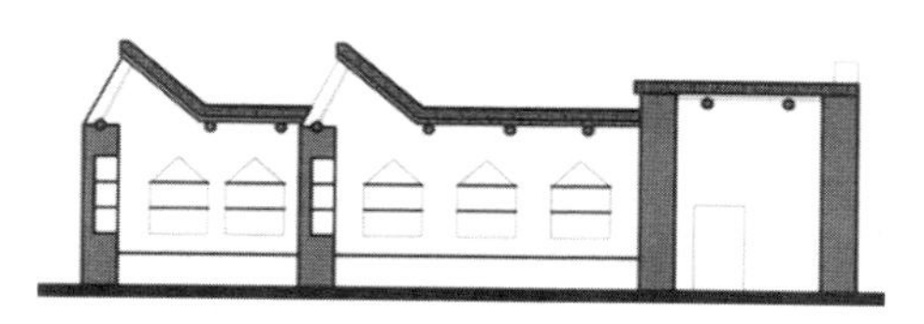

图3–6　新疆博斯坦民居剖面（砖土木混合）

图3–7　无锡明代伯渎桥（砖石混合）

（1）砖作建筑中石材使用剖析

这种取两材料之优而用的构造理念具有一定的历史，具体采用的实例很多，涵盖于传统建筑的各个部位（见图3–7）。大致包含如下几种情况：利用石材出挑者如砖墙内砌挑檐石；腰线石、押砖板不仅是形式的需要，更有均衡墙体荷载、加强墙体整体性的构造作用；石材置顶以承接上部木构屋面荷载，变集中荷载为均布荷载；压阑石、角柱石的使用。

（2）砖木混合结构体系构成

砖木混合结构建筑多见于墙体承重、木材承重结顶的建筑（见图3–8）。砖作结顶非常复杂，且对墙体提出较高要求，并且自重非常大，而木构架则便于结顶、易于施工，自重非常轻。此外，砖木混合结构亦见于木枋作为砖砌体整体性加强的“拉结筋”的情况（见图3–9）。

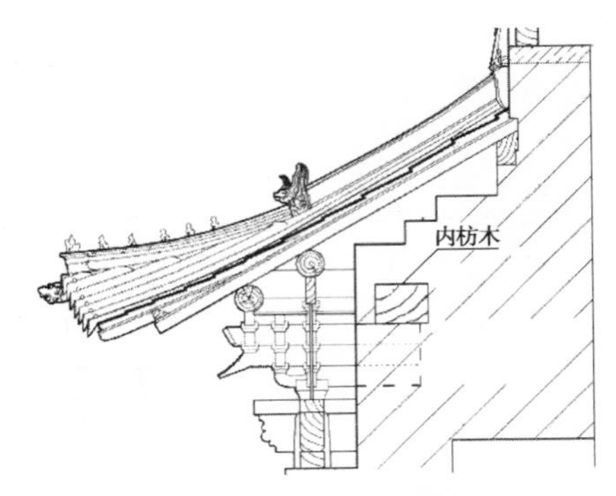

图3-8　湖北武当山玉虚宫内城碑亭砖木构造

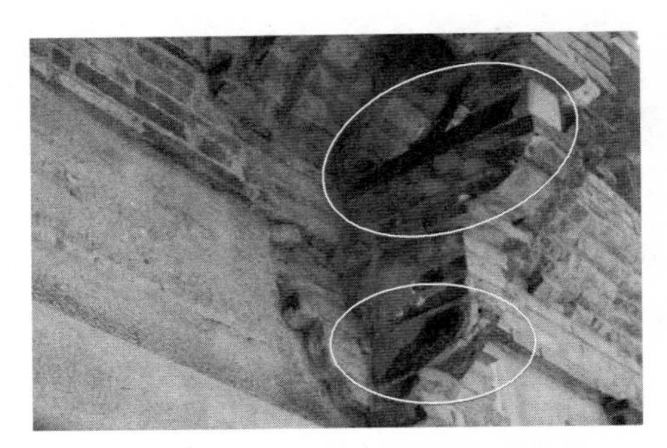

图3-9　苏州虎丘云岩寺塔砖木斗拱

（3）砖石拱券结构体系

我国传统村镇建筑中，砖石拱券承重的建筑具有一定的数量，由于各个地域建造技艺的不同，拱券曲线多有不同，是其地域建造工艺的重要表现（见图3–10）。具体保护修复实践中，普遍存在以半圆、双心拱券曲线修复此类建筑的情况，对原有建筑的地域技艺特点造成严重的损伤，应予以特别注意。

混合承重建筑不仅体现了我国古代建筑技术的建造成就，亦体现了不同地域建筑技术与艺术特色。在传统村镇建筑保护实践中，应着眼于不同材料的衔接与构造，从其粘结材料、灰缝形式、砌块尺度、墙体面层形式等各个层面使这一技艺得以传承与彰显。

图3-10　山东济南朱家峪清代立交桥拱券

3.6.2.3　生土建筑

生土建筑技术一般分为夯土技术、土坯技术。夯土施工技术常用在不高于4m的墙体砌筑，土体两边设V型支撑，约2m划分为一段，由底到顶由80cm宽到30cm宽逐渐收分。两侧的棍模或椽模用绳子捆在一起，也可以用木板或铁板作侧模。把土填入侧模之间的空间，加以夯打，用木锤反复夯打坚实，常常按每2m高分段施工。

夯土的技术在不同的地区有当地的习惯传统技术和方法，法国的生土建筑技术研究中心CRATERRE发明了许多种夯土施工机械，革新了施工方法，研制的夯土技术在世界广泛应用。土坯砖是用粘土、草、水、混合拌入些粉煤灰等附加料，放入木模之中成型晒干的。建房时需要有分层垒砌的技术，土坯砖的相互咬接必须严紧。使用土坯的拱顶技术和砖石结构的拱圈作法相似，有用木模支撑法和无模法等砌筑拱体的技术。制作土坯的机械，国际上已有多种新发明，对于制坯的质量和生产效率有了很大提高。

手工制作的土坯砖要靠日晒干燥，费时占地，烧制砖可采用机器传送带大量生产，快速省力，但不如生土材料简易经济，又不能恢复到大自然中去，且机制砖已属工业化商品材料，失去了乡土天然材料的特点。

墙体是生土建筑的主体部分，土墙具有良好的保温隔热性能，但强度不高，易吸水软化，故防水防潮是生土建筑的关键技术，传统土墙采用土筑和土坯两种，门窗孔洞预留或后挖（见图3–11）。土坯墙的优点是把整体土墙划分为小块，提前了干燥时间，减轻了筑墙的劳动强度，并可商品化供应，有干制坯和湿制坯两种。另有土坯与烧制砖的混合砌筑方法，多见于我国平原地区传统村镇。

图3–11　云南省元阳县哈尼族生土民居建筑

屋面是生土建筑另一个重要构成部分，干旱地区用草泥作屋面。土坯拱及窑洞屋面系统全部用土坯砌筑，不用木材和砖石，缺点是只靠土坯本身的强度，纵向无咬接，拱顶的强度低，如拱矢过高会造成拱体受弯而容易破坏。黄土窑洞的坚固程度取决于山体的土质，各地区均有土层概况的资料作为生土建筑设计的依据。

3.6.3　传统村镇建筑保护修复的基本步骤与要求

传统村镇建筑的保护是一项系统的工作，包括日常保护管理与残损保护修复两个环节。

3.6.3.1　日常维护与管理

一般来讲，传统村镇应根据各自特点编制相应的传统村镇历史文物建筑保护管理与使用条例或办法。核准实施后，应依据该条例或办法进行管理。该条例或办法的制定应科学合理、切实可行，主要内容为：①传统村镇保护范围的划分：应标明核心保护区、建设控制地带等范围，并制定相应区域的保护管理办法；②传统村镇历史建筑使用者及承租者使用管理办法：应明晰使用者或承租者的责权利；③建筑审批程序与管理：应明晰各保护区域的建设要求；④奖惩制度。

3.6.3.2 残损保护维修的基本步骤与要求

传统村镇建筑的残损保护修复包含两个环节：①编制保护修复设计；②保护修复施工。其中，编制保护修复设计的基本步骤为：

现状勘察与测绘→综合价值评估→编制保护修复设计方案→绘制保护修复施工图

其中，现状残毁勘察与测绘是编制保护修复设计的基础依据资料，由于历史建筑修复的不可预见性，保护修复施工图的绘制一般在修复施工过程中多有调整。

（1）勘察

传统村镇建筑的现场勘察不同于文物建筑的勘察，由于文物建筑的修复原则及其价值已经明确，故文物建筑的勘察一般注重文物建筑中历史信息的保存及现状的残损，即注重文物建筑的基础、墙身、楼地面、门窗及小木作、梁架、屋面、彩绘等各个部位现状残损程度、工艺做法、建筑构造的详尽调查与记录，而传统村镇历史建筑和传统风貌建筑在此基础上需增加一个环节，即建筑的价值评估环节。历史建筑和传统风貌建筑价值的高低、残损的轻重是制定其保护修复技术措施的基本依据。

（2）测绘[1]

测绘是对历史文物建筑的相关几何、物理和人文信息及随时间变化的信息适时进行采集、测量、处理、显示、管理、更新和利用的技术和活动，是建立建筑遗存记录档案工作的重要组成部

[1] 参见天津大学王其亨主编，中国建筑工业出版社出版，《古建筑测绘》第一章，第一节　古建筑测绘的概念、意义和目的，P1。

分。其成果主要用于建筑遗存的研究评估、管理维护、保护规划与设计、保护工程实施、周边环境的建设控制以及教育、展示和宣传等诸多方面。传统村镇建筑的测绘主要为现状残损测绘，测绘图应详尽记录现状的具体细部尺寸、残损程度、建筑构造及工艺等内容。

3.6.3.3 基于评估的适宜性保护技术措施的施用

通过对传统村镇建筑的勘察测绘与综合价值评估，根据不同的建筑现状进行相应的判别。从而确定适宜的保护技术措施，综合而言，包括保护、修缮、整治、拆除与更新等不同保护等级的技术措施：

保护——主要针对文物建筑。其保护与利用措施应遵循文物建筑的维修原则。

修缮——主要针对历史建筑和传统风貌建筑。其保护措施在保持其原有建筑结构不动的情况下，在维持原有建筑形式和历史信息的基础上作补缺和修缮。重点对建筑内部加以调整改造，配备市政设施。

整治——主要对近代或现代兴建的部分保存质量较好的建筑。对其破损构件进行修复，对其风貌不符合传统式样者进行重新改造设计。

拆除与更新——主要针对现存质量品质较差且不具有或少有历史文化价值的建筑。根据传统村镇保护与发展的实际需要，拆除后或按设计需要，采用与传统风貌协调的重建，或拆除后规划为开放空间。

3.7 传统建（构）筑物的保护技术及新技术应用

传统村镇历史建筑和传统风貌建筑的保护工程，在前期设计工作的基础上，需进行现场安全和质量检测。这项工作有时需要专门的部门和专职的人员事先进行。同时，施工的队伍需有专业的技术力量和资质。

3.7.1 瓦石作保护技术

瓦石作保护主要包括地基基础、楼地面、墙体、屋面等分部工程的保护修复技术。

3.7.1.1 地基基础保护技术

我国传统村镇建筑多为浅基础做法，除东北地区等少数严寒地区，基础埋深多小于1米。综合我国现有基础资料，我国传统村镇建筑地基多采用素土夯实的做法，部分重要建筑则在素土夯实的基础上增加灰土垫层或碎砖垫层；基础多为砌块砌筑，砌块材质以砖石为主，粘结材料多为白灰或灰泥砌筑（近代有采用水泥砂浆砌筑的做法）；基础形式多为独立基础（柱下基础）与条形基础（墙体基础）相结合的方式。通常存在地基夯实不足、基础沉降不均、酥碱、黏结材料黏结性能下降等质量通病。由于建筑基础为隐蔽工程，其保护修复方案的制定多采用在满足质量安全的情况下，尽可能的采用原有工艺做法的模式。对于重要的历史建筑，其基础保护修复采用的新工艺、新材料，需注意与原有工艺做法的可识别性。

现行传统村镇建筑基础保护修复方案的制定与相关技术的施用须满足《既有建筑地基基础加固技术规范》（JGJ123—2000）[1]的要求，保护修复一般按如下步骤进行。

1. 现场勘探、观测与取样

现状地基基础的勘探、观测与取样是制定其保护修复方案的基础环节，所形成的资料是进行地基基础力学计算，制定相应保护修复方案的依据。

---

[1]《既有建筑地基基础加固技术规范》（JGJ123—2000）[S].2006.

（1）勘探主要包括地基地质勘查与基础勘察，勘察范围不仅包括需修复建筑的本体地基基础，尚应包括临近建筑、地下工程及周边管线布置等方面内容的现场勘察。其中地基勘察包括现状地基地质资料的收集，应重点分析地基土层的分布及其均匀性、地基土的物理力学性质、地下水的水位及其腐蚀性等内容；基础勘察包括基础现状埋置深度、类型及尺寸、材料、残毁现状等内容。勘探常用方法主要有钻探、井探、槽探或地球物理[1]等方法。

（2）地基基础取样

主要包括地基地质取样及基础取样，一般采用芯样法取样。对于可以现场检测的地基基础，应优先采用现场检测方法，如无损伤声波检测法、混凝土回弹仪检测法等方法，以尽量减少对现状地基基础的损坏。

2. 出具地质勘探与基础质量检测报告，进行结构承载力学计算

地质勘查与基础质量检测报告是确定现状地基基础承载能力的重要基础数据资料，通过结构工程师提供的建筑上部荷载，进行地基基础承载验算，以确定基础保护修复具体方法与措施。

3. 制定地基基础修复方案

地基基础修复方案是在结构工程师进行力学计算基础上制定的科学合理、行之有效的保护修复方案。常用方法主要有：基础补强注浆加固法、扩大基础底面积法、基础加深法、锚杆静压桩法、树根桩法、坑式静压桩法、石灰桩法、注浆加固法等。由于各种保护方法在《既有建筑地基基础加固技术规范》（JGJ123—2000）中有详细记述，在此不再赘述。

[1] 地球物理是以地球为对象的一门应用物理学。这门学科自20世纪之初就已自成体系。到了20世纪60年代以后，发展极为迅速。它包含许多分支学科，涉及海、陆、空三界，是天文、物理、化学、地质学之间的一门边缘科学。地球物理学一般为两大方面：研究大尺度现象和一般原理的叫做普通地球物理学，利用由此发展出来的方法来勘探有用矿床和石油的，叫做勘探地球物理学（或物理探矿学）。应用于工程地质勘探、工程检测的发展为工程地球物理学。

3.7.1.2　楼地面工程

我国传统村镇建筑中，楼地面依照铺地位置的不同，分室内楼地面与室外地面。室内地面主要具有防潮、耐磨、清洁的功用，基于各地经济状况及生活传统的不同，瓦石作室内楼地面主要有素土夯实地面、砖地面；室外地面主要在于解决雨水冲刷、排水、防滑等问题。主要有素土夯实地面、砖地面、石地面等类型。

1. 素土地面

素土地面多施用于经济比较落后的地区或次要建筑的地面。基于不同地域的生活传统及习惯的尊重，素土地面的保护修复主要为地面土质的改良，其方法主要有：

（1）机械致密法

机械致密法是指对土体施加一定的力，以增加土的密实程度，提高土的抗破坏性，同时降低土的可压缩性。机械致密法可分为静力法和动力法两种。其中，静力法采用预压和碾压方法，主要适用于黏性土；动力法采用振冲、爆炸、压密桩等方法，一般只对无黏性土有效。此外，冲击压密的夯实方法对于浅层黏性土的增密十分有效；在碾压机上附加振动器，可同时施以静压和振动，对无黏性土的压密也相当有效。

（2）掺加材料法

掺加材料法是指将一定数量的固定物质如石灰、水泥、沥青等，加入土中，使其成为土的一部分，以降低土的透水性并提高土的力学性能。根据需要在土中掺入一定数量、一定粒径的固体物质，可使土料在干、湿季节都能保持相对最佳的性能。

2. 砖地面

我国传统村镇中，室内外楼地面均有用砖料铺墁的做法，根据建造质量的不同，分糙墁和细墁两种，其中细墁多进行砖细加工[1]，

[1] 砖细是指将砖进行锯、截、刨、磨等加工的工作名称，分为平面加工和平面带枭混线脚抛方两种，常见的五扒皮砖即是砖细加工的一种。

部分重要建筑，如祠堂，有使用桐油钻生泼墨[1]和烫蜡[2]的考究做法。砖料地面铺墁手法、式样繁多。其损坏主要有地面松动、酥碱、局部下沉等常见状况。砖料地面的保护修复一般遵循原制修复的原则，即采用原有的工艺、材料、做法进行保护修复，对于部分需增强的楼地面，如甬路，可在经过研究后合理更换地面材质。其主要保护修复方法如下：

（1）拆按归位

对于局部松动移位的楼地面，多拆除后，依据损坏状况，修补或重做垫层，而后依原制重新铺砌楼地面。

（2）局部剔除

对于局部酥碱严重的楼地面，根据其酥碱状况，局部剔除原有酥碱损毁地面，依原有材料尺寸、质地、做法进行剔除更换。

（3）整体拆除更换

对于整体损坏严重的楼地面或功能发生改变的室外地面，一般采用整体拆除更换的做法。对于功能发生改变需更换其它材料或其它砌筑方式的情况，如砖地面平砌改立砌，砖地面改石地面的情况，出于对原有风貌的保护，应慎重对待，需在科学研究、严格论证的情况下合理实施。

传统楼地面铺墁工艺做法主要包括：抄平放线、冲趟、样趟、揭趟浇浆、上缝、铲齿缝、刹趟等具体细节，后期处理则包括打点、钻生泼墨、烫蜡等步骤。目前介绍砖作楼地面的工艺技术资料很多，在此不再依照工艺一一赘述。

---

[1] 钻生是建筑材料表面的一种特殊处理办法，即用生桐油对砖的表面进行涂抹或浸泡，增加构件防潮、耐磨、防腐能力；泼墨处理，即用黑矾水涂抹地面。黑矾水做法为：将10份烟子用酒斥开而后与一份黑矾混合，另将红木刨花与水一起煮熬，待水变色后将刨花滤净，然后放入黑矾烟子混合物倒入红木水中一起煮熬至液体呈深黑色为止。然后趁热将制成的黑矾水泼洒到地面上，待地面干透色泽均匀后再钻生、烫蜡。

[2] 烫蜡为细地表面一种特殊处理手法，在完活的地面上，将白蜡融化其上，然后再用竹片将蜡铲去，最后用软布擦亮，使地面更加明亮。

3．石地面

传统村镇建筑中的石地面多为室外地面，有碎石地面、料石地面、卵石地面等类型，该类地面的保护修复基本沿袭原制修复的保护修复模式。

3.7.1.3　夯土墙体

我国具有悠久的使用夯土砌筑墙体的历史，伴随时代发展，夯土技术日趋成熟，福建土楼和赣南围屋等把中国传统的夯土施工技术推向了顶峰。我国传统村镇建筑中，现存夯土筑屋的实例尚具有相当数量，且保存品质较好，深圳大鹏所城保护修复设计时，采用了当地蚝灰碎砖夯土墙，其质坚如石且具有良好的抗水渗透性。由于夯土墙体需大量土料，大量使用会对当地耕地及水土保持产生破坏，本《手册》认为现存传统村镇建筑中夯土建筑应保护修复，新建建筑或一般性复原建筑在一般情况下，不提倡采用夯土墙体进行房屋建造。

我国现存传统夯土建筑（构筑物）多用夯土版筑技术，其保护修复应注重如下环节。

1．夯土墙的用料

夯土墙以土为主要材料，多为就地取材，所用材料多为以土为主的复合材料（见图3-12，3-13）。如土的黏性不够，则掺入黏土是为了增加黏性，保证墙体的整体性与足够的强度。净黄土干燥后收缩较大，夯成土墙易开裂，可掺入含砂质土。闽南沿海土楼夯土用料常用“三合土”，即黄土、石灰、砂子拌和夯筑，有的土中还掺入红糖和秫米浆，以增加土墙的坚硬程度。

修复夯土墙体时，应沿袭其原有土墙的配比，对于原有墙体内部有木（竹）龙骨，即纴木的情况，修补的夯土墙应架设纴木，且纴木应进行防腐防虫处理。

图3-12　江西省赣州市全南县雅溪土围

图3-13　江西省赣州市安远县尉廷围

2．夯土墙夯筑含水率要求

夯土墙夯筑时对土中含水量的控制是保证土墙质量的关键环节。含水量太少，土质黏性差，夯筑的土墙质地松散，不结实；含水量过多，土墙无法夯实，水分蒸发后墙体容易收缩开裂。通常施工中依经验掌握，熟土捏紧能成团，抛下即散开就认为水分合适。

3．夯土墙构造及收分要求

土墙下边多用砖石材料砌筑以防洪水浸泡。墙厚从底层往上逐渐减薄，外皮略有收分，内皮分层退台递收，一般每层减薄3至5寸（约10~17cm），这样在结构上更加稳定，又减轻了墙身的自重。

4．夯土墙保护应依照原有施工工艺技术进行保护修复各地域夯土墙在长期的建造中形成自己独特的夯筑方法，如闽西客家人的夯筑方法当地称为“舂法”[1]，其操作要分三阶段完成。首先是沿墙的厚度与长度两个方向间隔2~3寸（约6.6~10cm）舂一个洞，每个洞要连舂两下，客家人称为“重杵”；然后在每四个洞之间再舂一下，客家人称为“层杵”，最后才舂其余的地方，“重杵”的目的是把黏土固定住，这样才能确保舂得密实。如果无规则地乱舂，黏土挤来挤去，厚度大的土墙就很难夯得均匀，夯得结实。夯好之后还要用尖头钢钎插入土墙，通常凭经验以钢钎插入的深度来判断土墙夯筑的密实度，这种严格的检测手段也是确保土墙质量的重要环节。

3.7.1.4　砖墙

我国古代传统村镇建筑中，墙体类型较为多样，根据饰面，可分为清水墙、混水墙；根据砌筑方式，可分为实体墙、空心斗板墙。另外，还存在较多复合材料砖墙的做法，大致有砖包土墙，如云南一颗印建筑中的“金包银”做法。石包砖墙，如山东章丘朱家峪村仪门。根据砌筑质量的差异，可分为细砌砖墙、糙砌砖墙，其中细砌砖墙又包括干摆砖墙、丝缝砖墙、淌白砖墙等。砖墙的保护应严格遵循原有风貌及工艺技术进行修复，其保护修复主要内容如下。

1. 墙体残毁检测与鉴定

墙体残毁检测一般包括：倾斜、空鼓、酥碱、鼓胀、裂缝检测等内容。由于各地砖墙种类繁多，残毁成因复杂且具有不可预见性。如有些墙体，目测面层残损程度不大，但实际上潜在着极大的危险性。有时表面上损坏得较重，但经一般维修后，在相当时期内不会发生质的变化。故墙体损坏的检测鉴定多根据具体现状，首先确定导致墙体损毁的原因，而后再依据其具体残毁程度及当地营造

[1] 谢华章. 福建土楼夯土版筑的建造技艺[J]. 住宅科技,2004,7.

经验，制定相关保护修复措施。一般说来，造成墙体损坏主要有如下几个因素。

（1）基础沉降不均或基础损毁造成墙体破损

由于我国传统建筑多用浅基础且多为砌块基础，整体性较差，砖墙多存在基础沉降不均或损毁导致的墙体开裂，建筑四角由于应力集中，多出现墙面45° 斜角裂缝的情况。如基础沉降已经稳定且裂缝不严重，则勾抹修补墙体裂缝即可。如果基础沉降严重或墙体裂缝较大，应根据具体情况将墙体拆除重砌，并应对基础采取相应的加固措施。墙体拆除前应首先支撑好上部屋顶梁架结构，即使柱子承重的建筑，亦须支撑上部梁架，传统建筑多存在木柱柱根糟朽的情况，其承载逻辑有可能已由木柱承重转变为墙体承重，故本《手册》认为该措施应为墙体拆除前的强制性措施。

（2）木构架损毁导致的墙体损坏

木柱柱根糟朽、梁架歪闪等情况均有可能导致砖墙因承受额外荷载而损毁。该种情况应首先对木梁架进行修复，在此基础上通过增加木构架与墙体之间的拉结、局部墙体拆后重砌等方法进行保护修复。

（3）自然因素导致的墙体损坏

自然因素主要有墙体冻融循环、雨水侵袭、屋面雪载增大等不同因素而导致的墙体破损。应对措施主要在于传统建筑的季节性保养与维护、墙面砖缝的勾抹与清理等内容。

2. 墙面修复技术

我国传统村镇建筑墙面有清水墙面、混水墙面之分。墙面抹灰的墙叫混水墙，墙面不抹灰的墙叫清水墙。根据砌筑材料的不同，可分为夯土清水墙面、砖材清水墙、石材清水墙，亦有混合材料清水墙面，如福建“出砖如石”墙。根据砖材色彩的不同，砖墙可分为红砖清水墙面，青砖清水墙面。传统的青砖清水墙见于我国大部分地区，而传统红砖清水墙多见于闽南、广东、台湾等地。根据砌筑灰缝的宽窄，清水墙面可分为：干摆墙面、丝缝墙面、淌白墙面、糙砌墙面。

就砌筑质量而言，清水砖墙对砖的要求极高。首先，砖的大小要均匀，棱角要分明，色泽要有质感。其次，砌筑工艺十分讲究，灰缝要一致，阴阳角要锯砖磨边，接槎要严密和美感，门窗洞口要用拱、花等工艺。

墙面是我国传统村镇建筑中风貌保护的重要部位。就保护修复而言，清水墙与混水墙的主要区别在于对原有砌筑方式的遵循。我国清水砖墙砌筑有三顺一丁、两顺一丁、一顺一丁、满顺满丁、陡板丁顺等方式，控制游丁走缝即遵循原有砌筑方式的情况下，应控制上下皮砖避免出现丁砖相通或砖缝相通的情况。由于清水墙面的保护修复本身即为墙体的保护修复，该部分内容详见墙体保护修复技术，混水墙面抹灰保护修复步骤与技术主要如下。

（1）墙面勘察

对破损墙面的勘察主要包括原有材料、工艺做法、残损原因与残损程度等方面的调查与研究。

（2）保护修复要点

①确定残损原因，对于因墙体损坏而导致的墙面抹灰剥落、抹灰，应先修复墙体，待墙体修复完成后再进行抹灰修复。

②明确原有墙面抹灰材料及构造做法，结合化学化验及现场调研，明确抹灰材料，特别是混合材料的配比。对于原有墙面基层为麦秸泥的情况，可根据具体情况更换基层做法为混合砂浆抹灰。面层一般应遵循原有做法、工艺及材料进行修复以保持其原有风貌。

③墙面抹灰的施工程序：从上往下打底，底层砂浆抹完后，再从上往下抹面层砂浆。基层抹灰时，应注意在抹底灰前一天墙面浇水湿润要内潮面干，以便于基层与结构层之间的黏结。抹面层灰以前，应先检查底层砂浆有无空、裂现象，如有空裂，应剔凿返修扣再抹面层灰。另外应注意底层砂浆上的尘土、污垢等应先清净，浇

水湿润后，方可进行面层抹灰。

④根据墙面抹灰残损程度的不同，墙面修复主要包括：局部抹灰、找补抹灰、铲抹及重新罩面抹灰等技术措施，由于相关资料极为丰富，在此不再赘述。

3．墙体修复技术

（1）墙体的检查鉴定

墙体损坏一般包括：墙体酥碱、歪闪、空鼓、裂缝等情况，根据其损坏程度的不同，其保护修复一般为面层打点勾抹、剔凿挖补、零星拆砌、拆按归位、局部拆砌、整体拆砌等技术措施。

（2）打点勾抹

对于墙面一般性局部缺损、剥落、碱蚀，应进行打点勾抹处理。所谓打点勾抹，包含打点与勾抹两个环节。打点主要指对原有砌体局部损坏部位，清理完毕后用胶混合原有墙体砖粉进行砌块修复。勾抹主要针对墙面灰缝的修复，用原有形制的新作黏结材料依原制勾抹墙面灰分。

打点勾抹前应当检查记录砖块材质及色泽，凿除劣质物与浮松处，并清理操作面。打点修补最好采用样板打点方式，以使修复前后面层色泽一致。

（3）剔凿挖补

对于单块或局部砖块残损较深的，一般碱蚀深度在5~10cm者，应剔除更换。更换原则一般为原制更换。保护施工时应注意气温。冬季时，–3℃以下时，不宜施工。夏季施工时应注意遮蔽保养，避免阳光直射。对局部破损的砖材，应用品种、质感、色泽与原件相同的砖材来修补。修补砖材表面不得有裂缝、残边等缺陷，其质感、色泽应与原构件相似或相近。

（4）抽换修复

对于单块或局部砖块蚀深度在10cm以上者，应进行抽换修复。抽换的砖材，则应尽量使用原制砖块，砖的材质、尺寸及颜色应与现状砖墙一致，并在抽换过程中保持原有灰缝的色彩及缝宽。如果无法选用与原砖材料的颜色完全一致的砖块，应选用比原材颜色深的砖材。抽换修复工艺流程如图3–14所示。

抽换修复应注意如下要点：

①抽出原有残损砖块时，应尽量减少对于原有墙体的扰动，先凿除砖块四周灰缝，再抽离损坏较严重的砖材。②抽出后应清理原有残留的黏结材料，并清洗、湿润原有抽出砖块后的空洞四周，待其内湿外干时进行砌筑。③新换砌的黏结材料应与原有材料一致，并应掺入适量膨胀剂以防止出现黏结材料空鼓的情况，并在砌筑后清理、勾抹该处砖面。

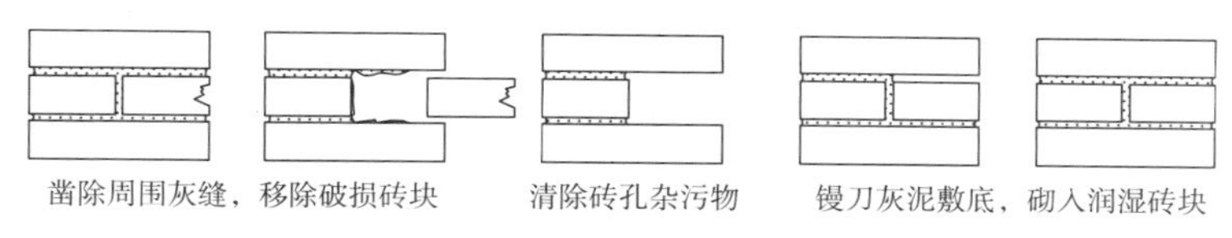

图3–14　破损砖块抽换修复示意图

（5）墙体拆后重砌[1]

墙体残损严重，超过下述情况者，应采用整体或局部拆除后重新砌筑的措施。

①碎砖墙：歪闪程度等于或大于墙厚的1/6或高度的1/10，结合墙体空鼓情况综合考虑。墙身局部空鼓面积等于或大于2㎡，且凸出等于或大于5cm；墙体空鼓形成两层皮；墙体歪闪等于或大于4cm并有裂缝；下碱潮碱等于或大于1/3墙厚；裂缝宽度等于或大于3cm，并结合损坏原因综合考虑。

②整砖墙：歪闪程度等于或大于墙厚的1/6或高度的1/10，砖件下垂等于跨度的1/10或裂缝宽度大于0.5cm；其他同碎砖墙。

遇有上述情况，一定立即排除。在检查墙体时，应检查每一根

[1] 谢华章.福建土楼夯土版筑的建造技艺[J].住宅科技，2004，7.

柱子的柱根是否糟朽。可用铁钎对柱根扎深，以判断是否糟朽。对于不露明的“土柱子”（暗柱子）更应注意检查。较旧的房屋或较潮湿的墙体，必须掏开砖墙进行检查。

（6）垂直裂缝修复

①针对普通墙体垂直裂缝，修复之前应先消除隐患。对于潮湿、热胀冷缩或构造接头不合理所致的裂缝，应在墙上切开以上接头部分或采用其他减少扰动墙体的方法。修复垂直裂缝，可先移除破裂砖块，再嵌入与原材料颜色及质感相似的新砖，并与修复对象相配的灰泥换破损的灰泥。非常窄的破裂可使用修补裂缝材料（如环氧树脂）填补。

可以使用小号钢筋嵌入接缝与裂缝的交叉处加固垂直（以及一些斜向）裂缝。在裂缝两旁的灰泥接头先敲开一段距离以备嵌入钢筋。通过荷载计算决定嵌入钢筋型号及数量。最后将含有钢筋的接头重新填满。新接缝应该填满与其他接缝相同的灰泥及相应高强度材料，而裂缝处外表只能填补灰泥，并使用砖泥浆注射在灰泥浆后面包住钢筋（见图3–15）。

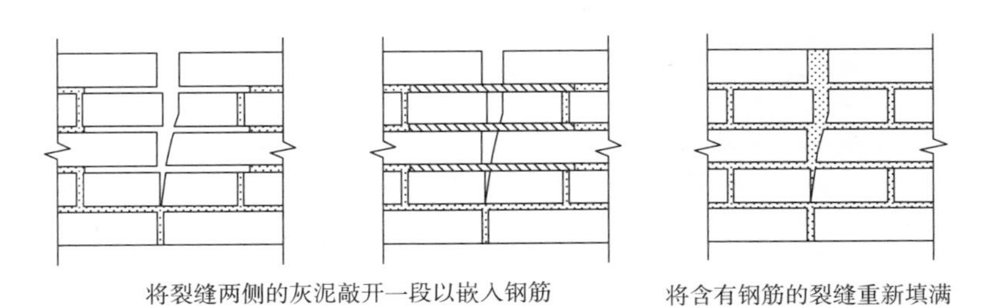

图3–15　开裂砖墙体修复示意图

②构造柱柱墩上的大垂直裂缝通常由于构造柱墩体积过小，支撑结构局部应力过大，因此修补前应先将被支撑构件或承重的柱墩及其基础延伸至合适承重部位。此外柱墩的垂直裂缝也可能是受到侧向拉力的结果，修复前应消除受力隐患。

修复时应先移除及更换柱墩上的疏松及破坏的砖块。使用U形托架对垂直裂缝进行加固，并用非收缩性液体泥浆填满。也可使用外围圈或玻璃纤维。墙柱墩或扶墙也可钻水平方向的洞并嵌入钢杆以泥浆填洞进行修补（见图3-16）。

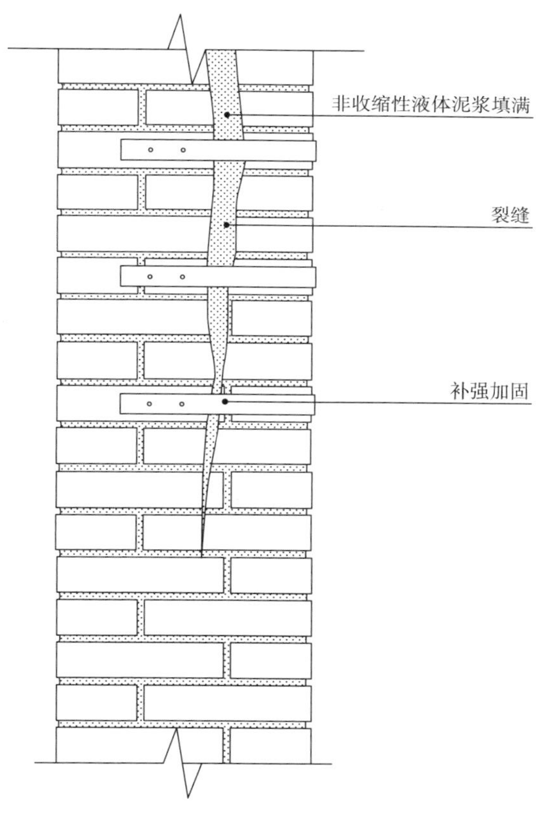

图3-16　构造柱垂直裂缝修复示意图

（7）斜向及水平砖裂缝修复

接近墙底部的斜向裂缝通常是由于不均匀沉降所致，墙顶部的斜向裂缝通常是由于热膨胀或其他原因造成的。如果裂缝不再发展，则斜向裂缝能以与垂直裂缝同样的方式来修复。水平裂缝通常由于结构构架的干缩或载荷过大所致，修复时可能需要连续切除水平缝及薄弱部分，乃至整体拆砌。

4．砌体粘结材料保护修复技术

（1）灰泥材料的选择

①新灰泥与原灰泥应进行配合度测试，风干后进行比较，查看干湿状态下其物理特性及外观色泽与原灰泥能否匹配。

②新灰泥材料的压缩强度和硬度应比原砖材小，以释放砖墙受到的膨胀压缩、潮湿移动或沉陷压力，以免砖块龟裂及剥落。

③新灰泥的渗透性和蒸发性应大于原砖材，以利于蒸发水分，以免造成砖块外部剥落或脱层。

④新灰泥的强度和硬度应小于原有灰泥的材料，以免热膨胀系数不同或其他原因造成新灰泥挤压旧灰泥，使原有灰泥遭到破坏。

通常应避免采用水泥砂浆重填接缝，操作过程应尽量采用不含酸、碱或其他溶解性有机材料的纯水。在砂的选择上也应尽量采用流动性及可塑性较好的圆形或天然砂。

（2）灰浆砌筑及勾缝施工方法

①填缝接头处理能使新旧灰泥结合紧密，以免接头处松脱。填缝前应先凿除所有劣化及松动的灰泥。凿除时先将中间劣化灰泥割开，将松动的灰泥刮除，再用凿子刮除附着在砖材边缘的灰泥，操作过程应避免破坏砖边缘，且凿除深度要均匀，最后用压缩空气、刷子或水冲洗接触面（见图3-17）。

②新灰泥施工前应预先水化以降低收缩性。在保证灰泥拌合的前提下尽可能减少水的使用量，以免养护阶段水分过分蒸发造成收缩龟裂。灰泥在与水混合后应在30min内使用。

③填缝时要确定新、旧灰泥结合紧密，同时避免灰泥内部产生气泡，使新、旧材料间有孔隙从而无法结合密实。建议由垂直接缝处开始操作，先填进1/3的灰泥并压实，将里面的空气气泡压出，

等前一层灰泥达到手指压成印的硬度后再填进1/3，以此类推分三次操作，以使新灰泥被压实并与旧灰泥及砖材紧密接合。

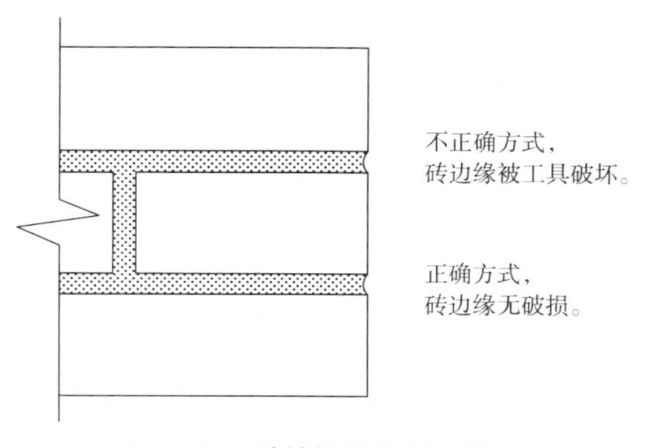

图3–17　砖缝接头处理示意图

④灰缝不可过分填满，收口涂抹成弧状或V形，以免新灰缝比原灰缝大从而破坏建筑总体风貌。

⑤灰泥施工完成后应立即清理砖面上残留的灰泥痕迹，以免日后难以清洁。施工完成两小时内可用坚硬的天然硬毛或尼龙刷清洁。如灰浆已硬化则需用清水及天然硬毛或尼龙刷清洁。

5．墙体维护和清洁

（1）墙体对有机物侵损因素的预防措施

砖体上的杂草以及爬藤等植物应及时予以清除，以免其根系侵入砖缝造成砖面崩裂。通常采用除草剂进行化学处理后再人工拔除，以免操作过程对灰缝或裂缝造成更大破坏。除草剂的选用应注意对人畜无害，不污染环境；无助燃、起霜或腐蚀作用；不损坏传统建筑周边绿化和观赏植物；不应造成砖墙变色或变质。根据具体情况可选用喷雾法或喷粉法进行化学除草，操作除草剂须佩戴塑料手套，喷洒时应对面部做好防护。严禁在无保护措施的人畜附近喷洒。具体操作方式如下。

①使用合适工具移除植物及青苔，如操作墙面属于价值较高的易损材质则只移除青苔层。

②喷洒除草剂时应保证浸透砖墙而不造成过分冲洗。

③喷洒时应从垂直面的顶端开始水平移动，由其慢慢向下流经墙面，再在其他操作面进行重复操作。

④将操作面留置至少一周，再用猪鬃刷尽可能将生长物残迹刷除，清除过程中应注意避免堵塞附近排水构件。

（2）墙体被有机物侵损后的保护修复措施

植物生长对砖墙体造成影响时，应对其周围的植物进行适时适度地清理及修剪，根据具体需要亦可采用移植及调整等方法保护古迹及其周围环境。

对于古树名木应仅作修剪并尽可能予以原地保留，但应注意老树根系易侵入古迹建筑物的基础，造成古迹基础翘起；其树枝有时会穿插过被保护对象，造成建筑构件受损；树冠过于茂密会造成建筑内部水蒸气无法顺利蒸发，进而导致砖面泛碱、发霉。通常树冠分布大小与树根分布范围成正比关系，因此应对紧贴建筑的树枝、树冠进行必要修剪以控制树根分布的位置与范围。

当植物价值未达到需要原地保存的标准时，可对建筑周围的植物进行移植，以免其对墙体基础造成危害。移植时先在树木周围1.5m直径范围对植物进行断根，约三周后断根处的根须长出时再进行移植。

对于已经进入墙体的植物根系，可在远离砖墙处切掉树木而将根部留在原处，待根系自然枯萎后在对其进行清除。应避免将植物从砖体直接拔除，以免将灰浆一起拖出。

（3）墙体清洁[1]

墙体清洁通常分为水洗法、化学清洁法、研磨清洁法。

[1] 黎小容.台湾地区文物建筑保护技术与实务[M].北京：清华大学出版社，2008.

①水清洗法是在墙体清洁中应用最广泛的，包括以下三种形式：

• 擦拭法：用抹布、海绵等蘸清水或中性洗洁剂擦拭，仅适用于砖面平整部位。

• 刷洗法：用天然鬃毛或采用软毛塑料等柔性材料的毛刷刷洗砖面，应避免使用钢刷或钉刷，以免刮伤墙面。

• 喷洗法：用低压水枪喷雾状清洗砖面，应避免使用高压水枪以免伤及砖面。

水洗法应尽量以清水清洗，必要时才使用中性的肥皂水清洗，以免清洁维护时造成砖面二次污染。清洗时应由上而下，避免长时间浸泡造成泛碱。此外低压蒸汽喷射比用加压水清洗更有效，但清洗速度较慢。蒸汽清洗和水清洗可以混合实施，先进行蒸汽喷射，再加水清洗，但不适用于有壁画的墙面。

②化学清洁法是采用酸性清洁剂和碱性清洁剂涂抹在砖面上，再用清水冲洗以移除表面的污秽及积存物。化学脱垢物质可以用于较复杂的清洁操作，适用于一般传统建筑的砖制构件，且效果显著。

使用化学清洁剂时应注意控制浓度不可过高，以免对被保护对象、周围环境及操作人员的健康造成损害；此法对霉渍效果明显，但同时会损坏建筑物表面纤维层，有时会对油漆层产生破坏效果；如运用不当，可能造成化学物或水分残留在砖体内部，导致砖体二次损坏；有些化学清洁剂会改变砖面的颜色，且可能导致泛碱。

③研磨清洁法是使用物理研磨的方式清除墙面污垢。

可使用各式研磨机配合金钢砂、钢刷、毛刷或布毡的磨片或磨针对砖面进行去污操作，但应避免在砖面产生圆弧形磨痕。

亦可使用高压喷枪配合各式喷嘴，采用金刚砂、石英砂或钢珠等不同粒径的喷料进行清洁操作。操作前应在现场进行局部试验，以确定最佳喷距、喷角、喷嘴及喷料粒径。喷料除砂外，也可使用压碎的煤渣、火山灰、核桃壳、杏仁果壳、白米外壳、蛋壳、椰子壳、砂土、聚合物颗粒或玻璃珠等材料代替，甚至可以水压为喷料，在水中加入小颗粒。通常喷粒直径越大，砖面损伤越大。

研磨清洁操作时应注意，在清洁过程中容易制造很多灰尘，严重危害操作人员的健康，并且会造成环境污染。操作过程可能造成砖面受损，出现坑洞，导致尘土及污染物聚集。清洁时可能因清除砖块外皮造成其疏松的内部暴露而加速损坏。应避免损坏砖缝外观，操作部位的灰缝在清洁后须完全重新填补。此外如在喷料中加水会造成水清洁法同样的问题。

3.7.1.5　石材墙体

1．石材加固

（1）加固材料

墙面砌筑石材的加固应避免使用树脂溶剂，以免造成石材表面颜色加深，并且由于树脂集中而造成表面发亮。此外有机硅的选用也应慎重，实践证明使用有机硅缓解风化，十年左右就会出现石材表皮粉化现象。

加固石材所用材料应耐久、透气，具有足够机械强度，表面不会成膜失色，与原材料有相同的膨胀系数，抗盐析及冻融，低廉环保。环氧树脂可作为加固填充物、黏接剂。

（2）修复技术

使用新石材修补原有石材时，不能仅靠环氧树脂进行黏结，需使用不锈钢或磷青铜或玻璃纤维杆将新石材与原石材钉在一起，再用相配灰泥修补。

操作时，首先在新石材及旧石材相应位置钻孔，并用水清洁灰尘。使用低黏度环氧树脂灌入孔洞，再嵌入连接杆。除非洞直径过小，树脂填充不宜过满，以免嵌人杆件后溢出污染表面。杆件最好带有螺纹，如果使用玻璃纤维杆应打毛表面。最后在孔洞口内填满相配的石灰灰泥（见图3–18）。

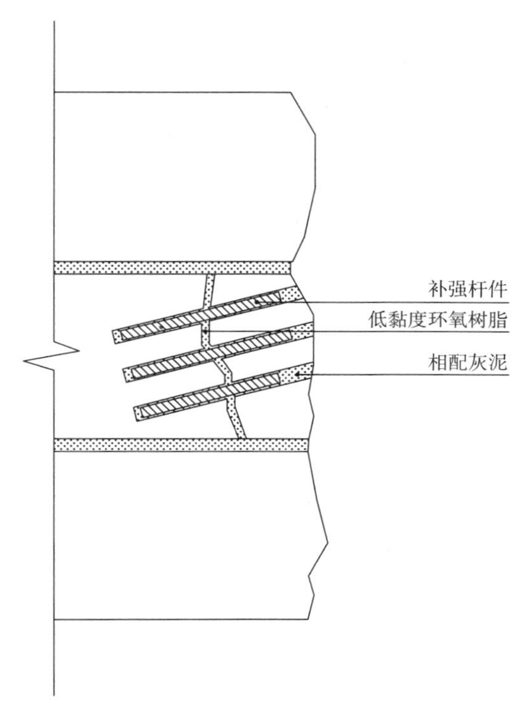

图3–18　石材修复示意图

2. 石材更换

对于起结构作用的石材，只有其破损或相邻构件破损已经影响结构稳定性，不得不更换相应石材时，才可予以更换。

（1）旧料剔除

更换石材前应先将破损的旧料剔除，至少应留出0.1m^{2}的面积安置新石材，操作过程中可根据需要，添加临时支撑物。

（2）新石材的选择

更换用的新石材应选用品种、质感、色泽与原石材相近的材料。新石材层理走向应符合石材所在位置的受力特点要求。不得使用有隐残、炸纹的石材。新石材的加工，包括外形尺寸、表面剁斧、磨光、打道、砸花锤等均应与原件相同。

（3）更换石材

置入新石材前应对凹洞或开口底部进行清洁，相邻的旧石材及新石材应当弄湿以免灰泥脱水；再用灰泥配以粗砂在凹洞或开口底部塑底座；置入新石材时可能需要暂时支撑加以辅助，置入时应在水平及垂直接缝处留下空隙进行灌浆；灌浆使用石灰加粉煤灰，灰浆凝固时不应发脆或过硬，并且应当耐盐渍（见图3–19）。

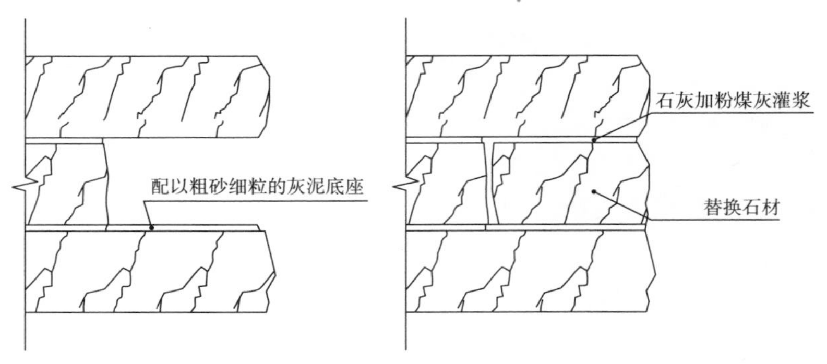

图3–19　石材更换示意图

（4）涂隔离层

新石材必须涂隔离层，例如，加沙沥青，以免来自旧墙的盐分通过水污染新石材。隔离层应涂在新石材背面及侧面。当含有铁元素的石材与混凝土大面积接触时，必须将石材或混凝土面层涂以隔离层，以免石材中的铁离子与混凝土中的氢氧化钙发生反应产生氢氧化铁生成铁锈色。

3．灰泥修复

（1）灰泥材料的选择

灰泥的强度不应大于旧石材，且应考虑旧石材的多孔吸水特性。普通灰泥材料适用于大部分石材修复情况。而修复砂石时最好使用水泥作为粘合材料，应避免使用含有石灰的灰泥进行修复，以免石灰对砂石进一步腐蚀。亦可使用骨料配以耐潮湿、不会乳化的环氧树脂进行修复。

（2）修复技术

灰泥修复应根据建筑物不同风化情况准备灰泥样本，避免修复过程中出现过大色差。首先移除腐蚀部分；再用水及福尔马林洗涤并对凹洞消毒；然后用水喷湿凹洞，以免修复灰泥脱水。将修复灰泥分层压紧填实，每层灰泥干燥后再加湿并填充下一层；如灰泥凹洞深度或凹入部分过大，可在凹洞内钻洞并嵌入不锈钢或其他不生锈的杆件，并用环氧树脂泥浆灌满钻洞，再嵌入钢丝。凹洞应钻成楔形，并用酒精冲洗钻洞使其干燥，最后使用相应灰泥填满凹洞（见图3–20）。

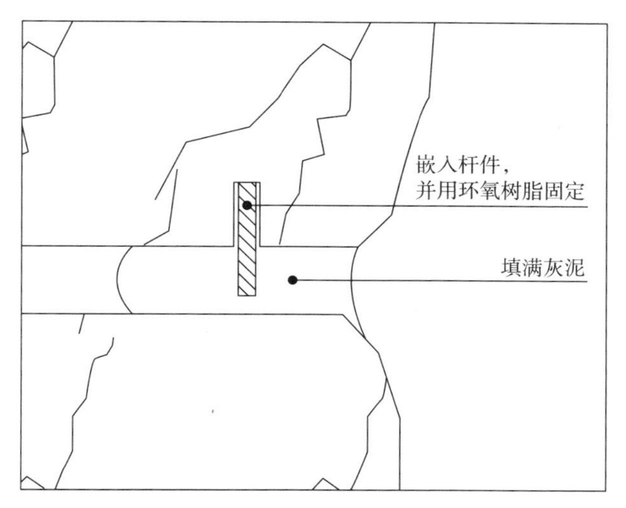

图3–20　灰泥修复示意图

修复后可使用木块、湿海绵或粗布擦拭，使修复面质感与原有灰泥相近，必要时可以使用刮除器修塑外形，但应避免使用铁杆或吸水性过强的工具，以免修复表面留下不自然的痕迹或过度吸出水分。

此外应注意石块应当单独修复，不应多个石材一起修复再在接缝处抹灰划假缝。修复过程中应保证对灰泥进行保湿养护，不受直接日晒或暴露在其他导致快速干燥的环境中。

4. 石材清洁[1]

石灰石、大理石及磨光的花岗石的清洁主要用水洗法；砂石主要采用研磨清洗法，也可使用化学清洗法。大理石或石灰石主要使用敷糊清洁法，见表3–4。

各种石材清洁法一览 **表3–4**

砂石	• 空气研磨清洁 • 氟氢酸（4%~15%）清洁
石灰石	• 水洗法 • 空气研磨清洁（通常与水清洗合并使用） • 敷糊法清洁
花岗石	• 磨光类：高压水或温水 • 非磨光类：氟化氨（2%~10%）
大理石	• 水洗法 • 敷糊法清洁

（1）水洗法应当注意墙面盐分析出会造成棕色污渍及泛碱；盐溶解作用会破坏石材，造成部分石材成片状或粉末状剥落。强度较弱的接缝材料可能会被洗掉，此外水可能经由损坏接缝、裂缝及连接铁件等渗透进墙面，造成直接破坏或导致白蚁寄生；且应避免洗涤操作面上出现青苔。寒冷地区应注意避免冻融破坏。

操作时应使用猪鬃刷，不应使用钢丝刷以免破坏墙面及接缝材料。使用加压水时，应注意避免损坏软性及砂性石材。去除墙面上的口香糖等污渍时，可使用高压蒸汽进行清洗，亦可加上中性肥皂以清除油污。

（2）研磨清洁法可有效去除石材表面的坚硬污渍，操作前应首

[1] 黎小容. 台湾地区文物建筑保护技术与实务 [M]. 北京：清华大学出版社，2008.

先考虑研磨物及操作面的表面相对硬度，及可能对操作面造成的损坏。初步切除可使用粗颗粒，最后修饰应使用细颗粒。

操作时通常使用3~14kPa的压缩空气。研磨物的选择应根据所要去除的污渍类型及安全与经济因素。去除质地坚硬的石材（如花岗岩）上的硫酸盐灰泥可使用小玻璃珠或圆沙砾等圆形研磨物。石英砂等尖锐研磨物适用于较软及有弹性的污渍。对于比较脆弱的操作面可使用碎蛋壳、核桃壳或滑石等材料作为研磨物。操作过程中应注意砂石产生的灰尘污染，操作人员必须佩戴可过滤空气的头盔及保护衣，在研磨物中混合水可以大大降低研磨危险，有效减少灰尘。研磨清洁完成后应用高压水冲洗操作面，但同时会造成水清洗法中因水造成的各种问题。

（3）化学清洁法通常以碱性或酸性化学清洁剂进行清洗，但清洁剂通常含有可溶性盐或与石起反应形成可溶性盐，需要在清洁工作结束后将盐分去除，以免对石材造成侵蚀。

氢氟酸（HF）清洁法：氢氟酸主要用来清洁砂石及未加工的花岗石，对含有石灰质的砂石应该采用其他清洁方式，以免与酸发生反应。氢氟酸会溶解砂质从而造成污渍脱落，但应及时用水冲洗，以免硅元素再次沉积在表面，出现白色斑块或条纹。氢氟酸属于剧毒物质，工作人员应具有专业经验，并配备相关保护措施。如被氢氟酸烫伤，应先用清水冲洗至少1min，然后以葡萄糖酸钙凝胶擦拭。此外操作现场还应具有相应医疗急救条件。操作前先将建筑物及脚手架进行适当的防护。氟氢酸溶液应进行预先稀释（一般为2%~15%），浓缩溶液不得存放在施工现场，稀释操作应在安全场所进行。操作时首先使用低体积高压水枪清洁操作表面，然后涂刷或低压喷浇稀释溶液。建议pH值为1~1.5以及pH值为3.5~3.8的氟氢酸清洁剂与操作面的接触时间为2~30min。清洁完成后使用高压低水量喷枪对操作面进行清洗，每平方米至少清洗4min，应特别注意花纹及接缝处不可留有积水。清洁完成后应对工具、脚手架及配件进行清洗，至少半小时后再次进行清洁操作。

氟化氨（Ammonium Bifluoride）通常用来清洁花岗石，清洁功能与氟氢酸类似，但可用来清洁油渍。氟化铵的操作方法与防护措施与氢氟酸操作相同。

氢氧化钠（Sodium Hydroxide）（苛性钠）通常用于氢氟酸清洁法使用前的预清洗，以去除严重污染的表面。但该清洁剂不应使用在有凹洞的石材表面上，以免积存可溶性盐。其操作过程与氢氟酸清洁法大致相同。操作面应先弄湿，再由底部向上操作，以尽量减少出现条状斑纹。

盐酸（Hydrochloricacid）通常用于移除石灰石上水泥性质的污渍及沉积物，10%的盐酸涂抹在预湿的表面上能有效移除碳酸钙污垢。

（4）敷糊清洁法使用平均50micron（微米）直径的硅镁土或海泡石粉末与清水混合，制成糊状涂刷在污染的大理石或石灰石表面，并盖上塑料薄膜。然后等待几天至几周，观察敷糊物边缘处的清洁效果直到满意为止。最后可用铲子清除敷糊物，但操作过程应避免损伤石材表面，再以猪鬃或软刷进行擦拭。

3.7.1.6 屋面修复

作为最具地域特色的建筑部位，我国传统村镇建筑屋面形式多样，用材丰富、装饰性强且极具民俗寓意。就屋面形式而言，除少量屋面制式等级较高的屋面形式，如庑殿、歇山屋面外，其他所有中国传统屋面正式、杂式屋面形式均可见于传统村镇建筑；就用料而言，草、土、石、瓦、砖、木、竹等材料均可见于传统屋面；传统村镇建筑屋面寓意丰富，且其建造过程亦可为民风民俗的表达形式，如西藏的阿嘎土屋面，营造人员边打制阿嘎土屋面，边载歌载舞，形成地域民俗中一道靓丽的风景线。

由于各地域地理环境与地域文化的不同，传统村镇建筑屋面坡度、构造做法、屋面装饰等多有不同，如江浙一带多雨且气候温润，其屋面多陡峻且多不做苫背层，而直接将仰合瓦至于板椽之上；北方地区雨量较小，传统村镇建筑中存有较多的只用仰瓦而不用合瓦，各行仰瓦密铺，上面不再覆盖合瓦的屋面，称“翻毛脊”屋面或“单撒瓦”屋面（见图3-21）。亦有在相邻两垄仰瓦相交处用灰泥抹成一道窄灰梗的屋面，称灰梗仰瓦屋面（见图3-22）。基于经济的因素，传统屋面所用材料及铺挂品质较低，如瓦件多为青色小布瓦，铺挂后屋面较易漏雨、绝热性较差，附加冷热负荷较大导致能量损耗较大、居住舒适度较差等情况。

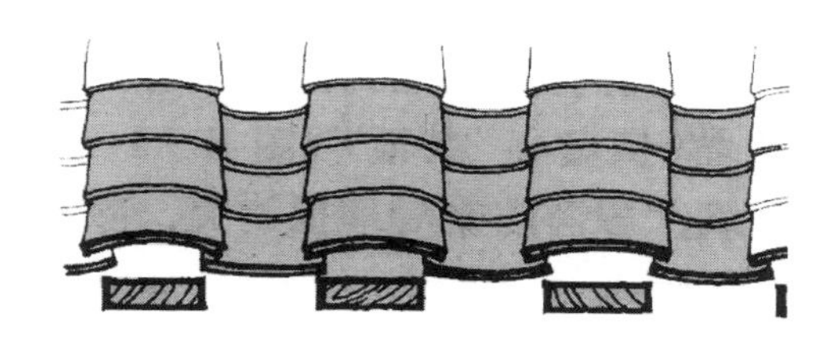

图3-21　南方常见屋面

图3-22　灰梗屋面

传统村镇建筑屋顶面层的保护修复应因循原有屋面规制与风貌，对于隐蔽的基层，本《手册》倡导采用现代科学的防水及保温措施。

1. 防水层及保温层等屋顶基层保护修复技术要点

（1）防水层及保温层的铺设应满足《屋面工程技术规范》

（GB 50345—2004）的技术及验收要求。

（2）由于传统屋面一般因屋面荷载较大，其挠度变形较大，防水卷材选择上应有较好延伸性、较强的抗渗性和耐水性、较大的耐穿刺和耐外力冲击性、良好的耐热性和低温柔性。

（3）由于传统屋面多为具有一定挠度的屋面，其新增保温层一般采用散料保温材料混合骨料现场搅拌铺砌的方式进行。铺设过程中应注意：铺设松散材料保温层的基层应平整、干燥和干净；保温层含水率应符合设计要求；松散保温材料应分层铺设并压实，保温层成品干燥后其抗压强度及变形挠度应满足上部屋面荷载及上人检修荷载的要求。

2. 部分典型屋面面层保护修复技术措施

（1）北方板瓦及筒瓦屋面挂瓦步骤及技术要点[1]：

①冲陇：拴线铺灰，先将中间的三趟底瓦和两趟盖瓦瓦好。

②挂檐头：拴线铺灰，将檐头滴子瓦和圆眼，勾头瓦瓦好，滴子瓦出檐最多不应超过本身长度的一半，在两端边陇滴子瓦下棱位置拴一条横线，用以控制每陇滴子瓦出檐和高低，在连檐处预留钢筋，钉住圆眼勾头，以防止瓦陇下滑。

③底瓦铺砌：先在齐头线、楞线和檐线上各拴一根短铅丝（吊鱼），“吊鱼”的长度根据线到边陇底瓦翅的距离定，然后“开线”。按照排好的瓦当和背上号好陇的标记，把线的一端拴在一个插入脊上泥背中的铁钎上，另一端拴一块瓦。吊在屋檐下这条线为“瓦刀线”，瓦刀线的高低应以“吊鱼”底棱为准。底瓦灰的厚度不应超过灰背厚度，底瓦用板瓦必须挑选，底瓦窄头朝下，从下往上依次瓦。底瓦搭接密度按二块筒瓦长等于五块板瓦长来定，即“二筒五”，最密不超过“一筒三”。瓦与瓦之间不铺灰，瓦要排正，底瓦陇的高低和直顺程度都应以瓦刀线为准，每块底瓦瓦翅宽头的上棱

[1] 刘大可.中国古建筑瓦石营法[M].北京：中国建筑工业出版社，1993.

都要贴近瓦刀线。

④盖瓦铺砌：按楞线到边陇盖瓦瓦翅的距离调好“吊鱼”的长短，然后以吊鱼为高低标准开线。瓦刀线两端以排好的盖瓦陇为准，盖瓦灰应稍硬于底瓦灰，盖瓦不要紧挨底瓦，它们之间的距离叫“睁眼”，睁眼大小应为筒瓦高三分之一左右。盖瓦要熊头朝上，从下往上依次安放上面筒瓦，压住下面筒瓦的熊头，熊头上熊头灰为黑色。

⑤捉节夹垄：将瓦垄清扫干净用小麻刀灰（掺色同瓦色）在筒瓦相接的地方勾抹（捉节），然后用夹垄灰（掺色）将睁眼抹平（夹垄）。夹垄应分糙细两次夹垄，操作时要用瓦刀把灰塞严拍实，上口与瓦翅外棱抹平（背瓦翅），瓦翅一定要背严背实，不得开裂翘边，不得高出瓦翅，否则很容易开裂而造成渗漏。夹垄时应将垄灰赶轧光实，下脚应直顺，并应与上口垂直，与底瓦交接处无蛐蛐窝和多出的嘟噜灰。筒瓦下要放麻辫。

⑥窝角沟的处理：屋面转角处的阴角部位需进行窝角沟处理。窝角沟部位的滴子瓦应改作“斜房檐”勾头，勾头瓦应改作羊蹄勾头，窝角沟部位的底瓦应改作“沟筒”。

⑦调正脊：当沟宽度应与正脊宽度相同。正脊两侧都要捏当沟，当沟与垂脊里侧底层脊砖交圈。安放正吻，安放正吻前应先计算正吻兽座的位置，找出垂脊当沟外皮，两坡当沟要卡住兽座，但不能太往里，应露出兽座花饰。如不合适，可以加放吻垫，正吻里要装铁钉并应与兽桩十字相交、拴牢。砌正通脊，两端正吻之间，拴线铺灰砌正通脊，脊砖应事先经过计算再砌置。找出屋顶中点，以此为中砌脊砖，即龙口，然后向两边赶排，要单数。扣脊瓦，正脊最后一层砌扣脊瓦。

（2）冷摊瓦屋面（仰瓦屋面）修复技术[1]

---

[1] 古建筑修建工程质量检验评定标准（南方地区）（CJJ70—96）[S].1996.

冷摊瓦楞中所用的泥灰、砂浆等黏结材料的品种、质量及做法应符合要求。此外瓦的搭接应符合下列规定：

①老头瓦伸入脊内长度不应小于瓦长的1/2，脊瓦应座中，两坡老头瓦应碰头。

②滴水瓦瓦头挑出瓦口板的长度不得大于瓦长的2/5，且不得小于20mm。

③斜沟底瓦搭盖不应小于150mm或底瓦搭接不应少于一搭三。

④斜沟两侧的百斜头伸入沟内不应小于50mm。

⑤底瓦搭盖外露不应大于1/3瓦长（一搭三）。

⑥盖瓦搭盖外露不应大于1/4瓦长（一搭四），厅堂、亭阁、大殿的盖瓦搭盖外露不应大于1/5瓦长（一搭五）。

⑦盖瓦搭盖底瓦，每侧不应小于1/3盖瓦宽。

⑧突出屋面墙的侧面底瓦伸入泛水宽度不应小于50mm。

⑨天沟伸入瓦片下的长度不应小于100mm。

⑩所有冷摊瓦底瓦的铺设大头应向上，盖瓦铺设大头应向下。检验方法：观察和尺量检查。

3.7.2 大木作保护修复技术

大木作保护技术主要包括柱、梁、檩、枋构件的保护修复技术。传统村镇建筑中，构件基本完好但构架整体歪闪，构件滚动或脱榫者，多采用打牮拨正技术。当损坏程度较为严重无法简单维修利用时，需采用落架维修的办法进行修复。落架修复要求对原构件编号记录并妥善保存，留作样板，缺损时以便补配。

3.7.2.1 木柱修复

1．裂缝修复

（1）补强修复裂缝

①木柱的自然劈裂是由于建筑时使用的木料尚未完全干燥，从而在建成后形成裂缝，这种细小的裂缝，应在油饰前用腻子将裂

缝勾抿严实，裂缝宽度超过5mm的应用木条镶嵌粘接牢固，缝宽30mm以上的除嵌木条外还应用铁箍加固（见图3–23）。

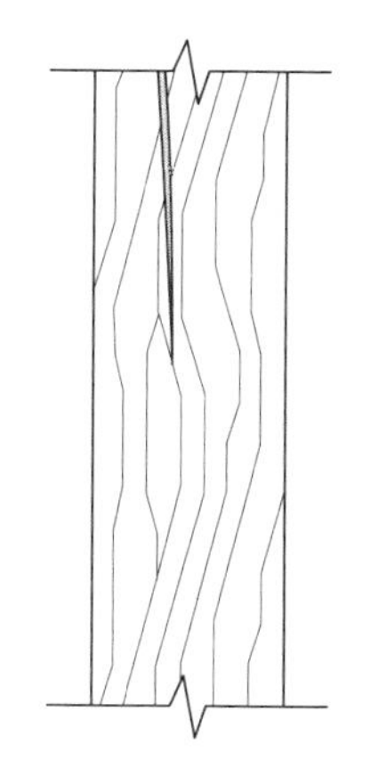

细小裂缝在油饰前
用腻子将裂缝勾抿严实

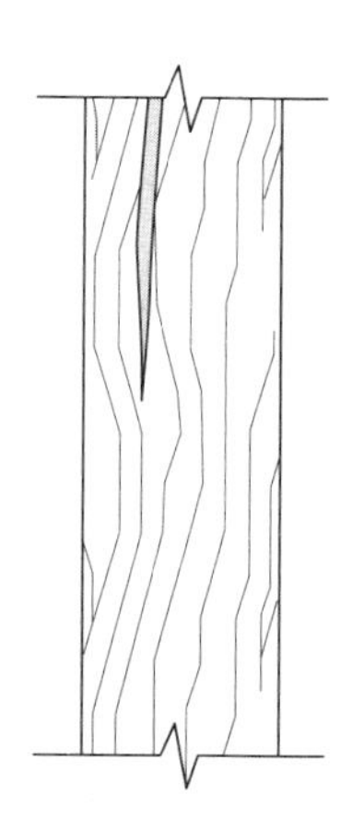

缝宽超过5mm，
应用木条镶嵌粘接牢固

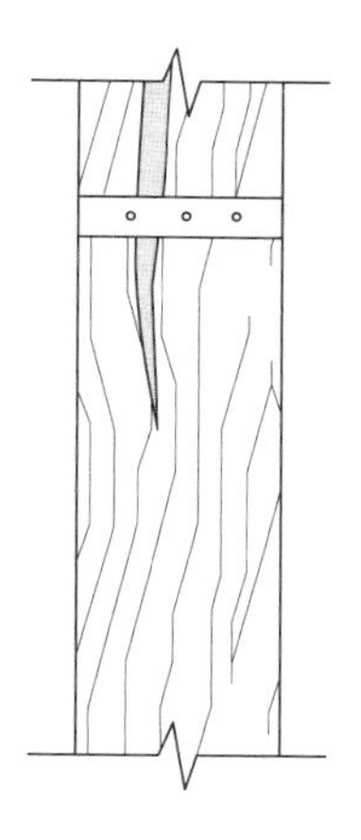

缝宽30mm以上的除嵌木
条外还应用铁箍加固

图3–23　木柱劈裂补强示意图

②柱头劈裂通常是由于纵向荷载过大造成的，这种情况应当对劈裂部位进行粘接，并加铁箍进行加固，当情况允许时（如墙内柱），可在靠近柱子的梁枋或额枋端部底皮增加抱柱，以减轻柱子荷载。

（2）填补法修复裂缝[1]

木柱干缩形成的裂缝可采用填补法进行修复。当其深度不超过柱径或该方向截面尺寸的1/3时，可按下列填补方式进行：

①当裂缝宽度小于3mm时，可用镘刀及颜料勾抹受损部位；②当裂缝宽度为3~30mm时，可用木条嵌补，用耐水性粘结剂粘牢；③当裂缝宽度大于30mm时，除用木条以耐水性胶粘剂补严粘牢外，尚应在柱的开裂段内加铁骨2~3道。若柱的开裂段较长，则

[1] 古建筑木结构维护与加固技术规范（GB 50165—92）[S].1992

箍距不宜大于0.5m。铁箍或玻璃纤维箍应嵌入内，使其外皮与木材外皮齐平（见图3-24）。

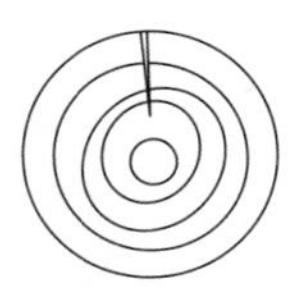

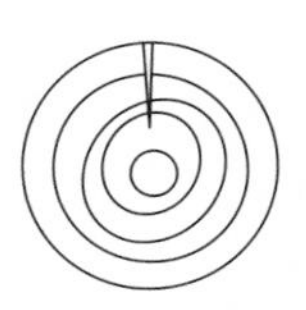

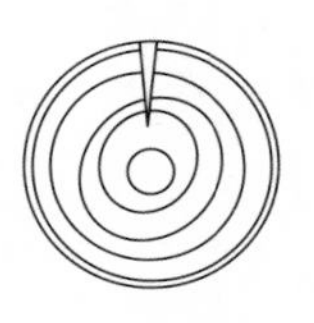

图3-24　木柱填补示意图

2．糟朽修复[1]

（1）局部替换与墩接

墙内柱部位相对最易发生局部糟朽。表皮糟朽不超过柱根直径1/2的，宜采取剔补加固，修复过程必须将糟朽部分完全剔除，并进行防腐处理，以免残余真菌继续腐蚀木材。剔除完成后使用干燥木材依原样和原尺寸修补整齐，以耐水胶粘剂进行拼接。如周圈均进行剔补，还应设铁箍2~3道。

木柱自根部糟朽超过柱高1/4时，一般采取墩接方法处理（见图3-25）。

①木材墩接：先将糟朽部分完全剔除，再按照剩余部分的形状和尺寸选用以下榫卯方式进行墩接。墩接时除要求榫卯严丝合缝外，还应加设铁箍嵌入柱内。

• 巴掌榫：搭交榫长至少应为400mm，粘牢后用二道螺栓或二道铁箍加固。

[1] 罗哲文.中国古代建筑[M].上海：上海古籍出版社，2001.

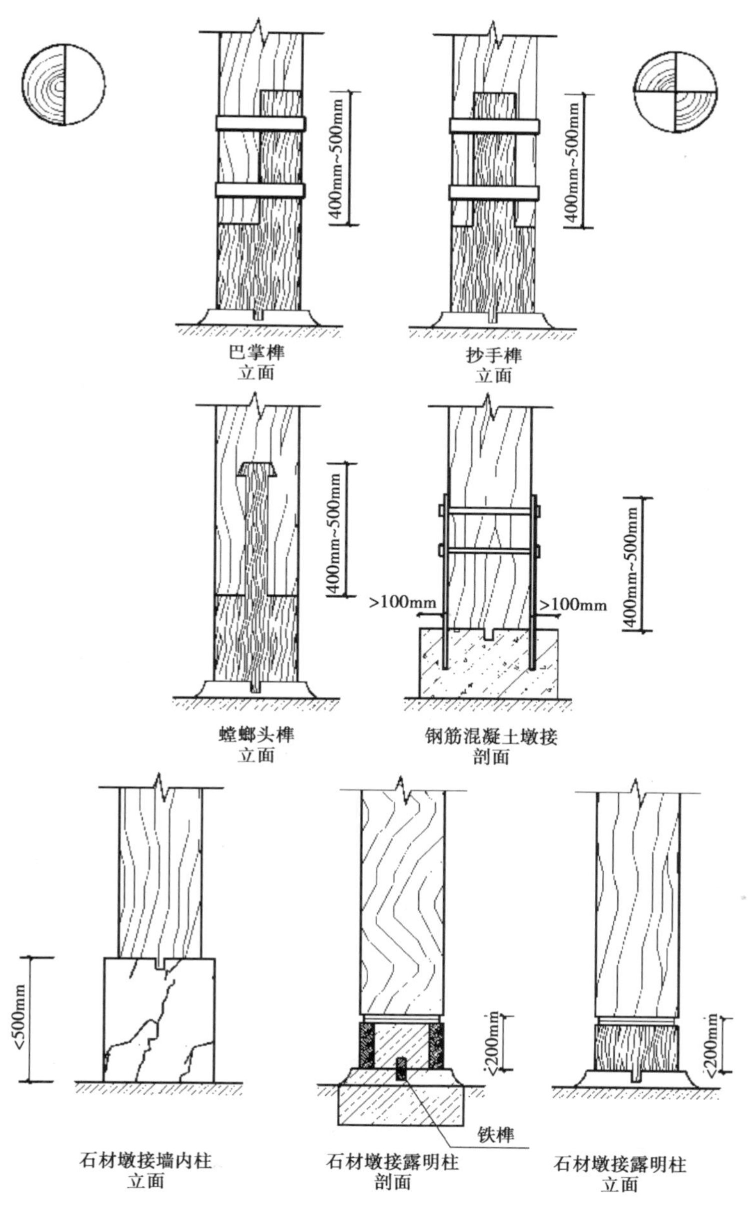

图3–25　木柱墩接示意图（图片来源：摹自罗哲文《中国古代建筑》，上海古籍出版社，2001）

• 抄手榫：在新柱和旧柱连接断面上划十字线分为四瓣，各去掉对角部分，上下相对卡牢，外用铁箍加固。

• 螳螂头榫：新料上部做成螳螂头式横向插入原有柱内。

②石料墩接：墙内柱的柱根糟朽高度500mm以下的，可将柱根截平，用方石块支垫墩接。露明柱柱根糟朽高度200mm以下的，可用直径小于原柱100mm的短石柱墩接，然后在石墩表面包以50mm厚木板，接缝处用铁箍打牢，以免短木墩顺纹受压劈裂。

（2）环氧树脂修复糟朽[1]

木柱内部被虫蛀或腐朽形成空洞时，须先查清中空的范围和程度，若柱表层完好厚度不小于50mm,可采用不饱和聚酯树脂进行灌注加固。加固过程应注意以下几点：

①选择灌注树脂的洞眼，应注意避开梁、枋与柱身相交接的榫头部位，尽可能选择柱中应力较小的部位开洞。开洞应能保证朽烂的木渣、碎屑方便清除，并方便灌注树脂。如柱子通长中空，可在柱脚凿方洞，洞宽不得大于120mm，再每隔500mm凿一洞眼，直至中空顶端。

②把柱子中空内壁的朽烂木渣、碎屑清除干净，以保证木柱与树脂粘结牢固。

③柱子中空直径超过150mm时，须对中空部位填充木块，以免树脂干后收缩。其截面形状应加工成瓜棱形，有利于黏结牢固。

④使用不饱和聚酯树脂，其配方比例应严格掌握，不得随意改动。只有添加剂可依气温的高低有所增减。石英粉一定要经过烘干方可使用。

⑤树脂灌注应饱满，每次灌注量不宜超过3kg，两次间隔应大于30min。

具体配方如下：

---

[1] 古建筑木结构维护与加固技术规范（GB 50165—92）[S].1992.

不饱和聚酯树脂：过氧化环己酮浆：萘酸钴苯乙烯液：干燥石英粉 = 100：4：2~4：80~120（重量比）

（3）填补法修复糟朽

当木材表面糟朽或破损过于严重，以至于无法使用灌注环氧树脂方式修补时，应对其结构强度进行验算，当剩余部分强度仍然满足荷载要求时则使用挖除与填补法进行修补。将木材的腐蚀部分完全挖除并经干燥和防腐处理后，再以木条、环氧树脂及细木屑、锯屑或其他复合材料填充物，如玻璃纤维等空隙填充物作填补修复。填补材料的硬度和弯曲性能等物理性质必须与木材大致相同。

3.7.2.2　梁、檩、枋保护技术[1]

1．弯垂修复

通常情况下梁枋弯垂程度在梁枋长度的1/250~1/100之内应视为正常现象，弯垂程度如超过1/100则被视为危险构件，应进行处理。其中主要大梁弯垂一般应限制在1/200以下。超过规定范围的，如梁枋本身无严重糟朽或劈裂现象时，一般在拆卸后反转放置，即将梁枋底面向上，用重物加压，经过10~20天一般可以压平至允许范围之内，可以继续使用。经过反置加压后，如果仍不能恢复到规定范围以内，只要梁枋无严重裂缝或糟朽，可在主要受力点补强钢构件继续使用，以保留其史证价值。

2．裂缝修复

（1）补强法修复裂缝

①铁件修补裂缝：梁枋出现裂缝可使用铁件进行打箍和粘接处理，如梁侧面有裂缝时，一般打铁箍2~3道防止继续开裂，铁箍宽50~100mm，厚3~4mm；当裂缝宽度超过5mm时，应先用旧木条嵌补严实，并用胶粘牢后再打铁箍。

②玻璃钢箍修补裂缝：玻璃钢箍可代替铁箍结合玻璃布用不饱

[1] 罗哲文.中国古代建筑[M].上海：上海古籍出版社，2001.

和聚酯树脂作为粘接剂来修补梁枋裂缝，此法造价低廉，操作方便，还可进行表面做旧，并且固化后收缩性可达4%~6%，弥补了铁箍不易卡牢的缺点。所用材料配比如下：

不饱和聚酯树脂：过氧化环己酮浆：萘酸钴苯乙烯液＝100 ：4 ：1~2

玻璃布宜用0.15~0.3mm厚无碱脱腊无捻方格布，先将玻璃布按需要宽度截成布条，二块布条接头时需重叠100mm以上，操作时需注意不得留有汽泡，以免影响质量。

（2）环氧树脂法修复裂缝

梁枋裂缝较宽或较深时，在加铁箍前可灌注高分子材料粘接加固，通常用环氧树脂灌注，先将裂缝外口用树脂腻子勾缝，防止出现漏浆，勾缝时须凹进表面约5mm，留待处理后最后表面作旧。每条缝应预留2个以上的注浆孔，一般情况下用人工灌注，配方如下：

E-44环氧树脂：多乙烯多胺：聚酰胺树脂：501号活性稀释剂＝100：13~16：30：1~15（重量比）

勾缝用环氧腻子，在上述灌浆液中加适量的石英粉即可。

3．糟朽修复

（1）补强修补

梁枋局部糟朽时应对剩余的完整断面进行力学验算，如超过允许应力20%以上时，应考虑更换或加顶柱。经计算后剩余断面仍符合要求可在大梁两侧先将断裂处粘牢或将糟朽处完全剔补，再用钢板螺栓加固或用“U”形钢板槽螺栓加固。

（2）环氧树脂修补

梁枋中空腐朽截面积不超过全截面积1/3时可采用环氧树脂灌注加固，操作过程如下：

①首先应探明中空长度，在中空部位两端钻孔，使用0.5~0.8MPa空压机吹净腐朽木屑及尘土；②钻灌注孔，直径不小于

22mm；③若树脂耗量过大，可掺入干燥石英粉为填充料；④中空部位两端可用玻璃钢箍缠紧，箍宽不小于200mm，箍厚不小于3mm，不得有气泡出现。

环氧树脂配方同裂缝修补法。

4．榫卯修复

更换榫头时应先将原构件的榫卯尺寸进行记录，然后去除残毁榫头，用硬杂木(榆、槐、柏等)按原尺寸，式样复制，后尾加长至榫头4~5倍嵌入旧构件，用胶粘接牢固后，用螺栓与旧构件连接牢固。

也可采用玻璃钢制作新榫头。先将糟朽劈裂榫头及其延伸部分去除，然后在旧构件端部开卯口，长度需为榫4~5倍。用一块干燥硬木心，外用玻璃布和不饱和聚酯树脂用手糊法缠绕，按原榫头尺寸制成新榫头，然后将新榫头推入卯口内，用环氧树脂粘接牢固，最后将开卯处表皮破去5~10mm，用玻璃布和不饱和聚酯树脂缠绕，固化后安装就位。环氧树脂用料配比同裂缝修复法用料配比。

3.7.2.3 斗栱保护技术

1．斗栱构件加固

（1）斗

对于劈裂的斗，断纹能对齐的应粘接后继续使用；断纹无法对齐或严重糟朽变形的应予以更换。斗耳损毁遗失应按原尺寸式样补配。

（2）栱

劈裂未断的栱可使用环氧树脂灌缝粘牢，扭曲不超过3mm的应继续使用。扭曲过大的可进行更换。榫头断裂无糟朽的可灌浆粘牢，糟朽严重的可锯掉后使用干燥硬杂木按照原有式样和尺寸接榫，接榫长度应超出原有长度的2~4倍，并用直径12mm的螺栓加固。

（3）昂

昂的裂缝粘接与栱相同。昂嘴脱落时应照原样用干燥硬杂木补配。

2. 斗栱构件替换

斗栱构件的更换应充分考据斗栱整体及其各个构件的年代与式样特征，对于经过历次维修的传统建筑更是如此，尤其是能够反应时代特征的瓣、栱眼、昂嘴、耍头和一些带有雕刻的翼形栱等细部构件，应严格按照标准样板进行复制，包括细部纹样也应进行描绘复制。

更换构件的木料需用相同树种的干燥材料或旧木料，复制相应构件时可暂时不做榫卯，留待安装时随更换构件所处部位的情况临时开卯，以保证搭交严密。落架大修或迁建工程时，斗栱应整攒拆卸、保存和修整，各攒斗栱之间的联系构件，如正心枋、外拽枋等构件的榫卯应留待安装时制作。

3.7.2.4　梁架整体加固技术

归整梁架的方法，一方面是将下沉的构件抬平，此种方法称为“打牮”。另一方面是将左右倾斜的构件归正，称为“拨正”。

为防止整体木构梁架发生歪闪情况，在进行打牮拨正后，要进行加固。

1. 柱头连接

柱头与额枋的连接，仅凭较小的榫卯，遇震最易拔榫、歪闪，通常在重新安装时，于柱头及额枋上皮加连接铁件，使周围柱连为整体，增强构架的刚度。榫卯完好的保持原状。

2. 檩头连接

檩是木构架横向联接的主要构件，檩头经常拔榫，为此在檩头接缝处加铁扒锔或铁板加固。

3.7.3 小木作及油饰保护修复技术

本节主要包括木地面、门窗、天花、油饰（包括彩绘技术）。

3.7.3.1 木板地面保护技术

木板地面多用于比较考究的传统村镇建筑或林场地区建筑中，其常见损毁情况主要有木地板起翘、变形、膨胀，潮湿、发霉、变形，木板干裂、接缝变大等情况，木板地面的保护修复不仅需要注重损毁的修复，更应注重日常使用的维护保养。

传统木地板均为原木实木地板，保护修复应依原制安装，更换的木地板应检测新换木材的含水率，由于各地地理环境的不同，对于含水率的要求也不尽相同。总体而言，新换的木地板含水率应符合当地木材使用标准含水率的要求[1]。

由于木地板的铺设对于传统村镇建筑而言具有良好的可逆性，其外观在保持原有做法的同时，基层可依照我国现行国家木地板施工及验收规范进行修复。

主要注重如下环节：

（1）做好防潮措施，尤其是底层等较潮湿的场合。防潮措施有涂防潮漆、铺防潮膜、使用铺垫宝等。

（2）原有龙骨的更换应选择握钉力较强的木材，如落叶松、柳安等木材，木龙骨的含水率应符合当地使用标准。

（3）对于较为重要的公共型建筑，如祠堂，伴随参观人数的增加，对木地板的要求提高，可在原有做法的基础上，在龙骨与面层之间敷设一层毛木板地面层，该毛木板地面层的材质应与面层一致，厚多为2.5~3.0cm，铺设方向应与面层方向垂直，木板间不宜铺得太紧，四周应留0.5~1.2cm的伸缩缝。

[1] 我国现行国家标准规定木地板的含水率为8%~13%。北方地区地板含水率12%，南方地区地板含水率应控制在14%以内。

3.7.3.2 门窗保护技术

（1）门窗的扭闪变形：将整扇拆落，进行归方正，接缝处重新灌胶粘牢，最后在门窗扇背面接缝处加钉“L”形和“T”形薄铁板加固，用螺丝钉拧牢。

（2）边挺、抹头劈裂糟朽：局部劈裂糟朽时钉补齐整，个别糟朽严重的要更换，将四框拆卸按原制复制新件后，重新归四边框，背面加铁件。

（3）隔扇心残缺：多属于局部残缺，原则是缺多少补多少。单根作好后，进行试装，检查卯口是否严实，搭接后是否平整，无误后再与旧棂条并合粘牢，接口处应抹斜，背面加钉薄铁加固。

考虑到旧门使用的长久性和经常开启性，旧门修好后不在原处使用（用于旧构件展览），所有门扇全部新做。

3.7.3.3 油漆彩绘

我国传统村镇建筑中，油饰彩绘极具地域艺术特点，新换构件油漆彩绘部分应严格按原制新做。

1. 一麻五灰地仗

“一麻”就是指在施工过程中要粘一次麻。“五灰”是指捉缝灰、通灰、粘麻灰、中灰、细灰等，它是一切地仗的基本抹灰。它的工艺程序为：刷汁浆、捉缝灰、通灰、粘麻灰、中灰、细灰、磨细钻生。

2. 地仗彩绘施工顺序

（1）木质构件的防腐防虫处理。

（2）基层处理：用油灰处理。

（3）地仗。

（4）花纹图案起谱。

（5）沥粉：用沥粉器将袋内粉浆从粉尖子挤出，沥于花纹部位。

（6）刷色：根据设计图案进行刷色。刷色的顺序是：先上后下，先里后外，先小处后大面。每刷完一个色后要认真检查，不能刷错，特色刷得无缝无节，均匀一致。

（7）包黄胶：黄胶用石黄、胶水和适量的水调制而成的(也可用光油、石黄、铅勒调制成包油胶)。先包大粉，后包小粉，将粉条包满。无论黄胶或包油胶，胶量不宜过小，以免金胶油浸透而失去作用。

（8）拉晕色、拉大粉：拉晕色时要用尺棍，用小刷按晕色的位置、宽窄适当拉好，曲线部位按曲线拉，最后用刷子将晕色拉匀。拉大粉，做法与晕色相同。

（9）压老：一切颜色都描刷完毕之后，用较深的颜色，如黑烟子、砂绿、佛绿、深紫、深香色等，在各色的最深处一边，用画笔润一下，以使花纹突出。

（10）打点找补：彩画结束之后，详细检查，将遗漏、滴洒脏处用原色补齐，由上而下清理干净，必须仔细认真。

（11）罩清油。

3. 刷漆

细腻子工艺：上细腻子一道，干后，用细砂纸打磨平整。

按照工艺，进行“头道油”、“二道油”和“三道油”施工。

（1）三道油操作工艺

垫光头道油：以丝头蘸配好的色油，搓于细腻子表面上，再以油拴横蹬竖顺，使油均匀一致，除银朱油先垫光樟丹油外，其它色油均垫光本色油，干后以青粉炝之，以砂纸细磨。

二道油、三道油同头道油。罩清油（光油），以丝头蘸光油（不加颜料者）搓于三道油上，并以油拴横蹬竖顺，使油均匀，不流不坠，拴路要直，鞅角要搓到，干后即为成活。

（2）腻子配制方法

①灰的配制（即血料腻子、古建传统腻子）：将发好的血料、熟桐油、清漆、大白粉按传统比例拌和成血料腻子。

②发血料：使用新鲜猪血，以藤瓤或稻草，用力研搓，使血块

研成稀浆，无血块血丝，再筛去其杂质，放于缸内，再以石灰水点浆，随点随搅至适当稠度即可（猪血与石灰比为100：4）。

3.7.4 传统村镇建筑防灾技术[1]

3.7.4.1 消防技术要求[2]

传统村镇建筑的消防设计要密切结合实际情况，采取灵活有效的技术路线，在保护风貌的前提下，达到相关规范的要求。对传统村镇中的文物建筑，则应严格按照《文物保护法》及相关规范的要求提高消防能力。

1．防火与阻燃处理技术要求

（1）木材防火与阻燃技术要求

在不影响传统村镇风貌的前提下，传统村镇建筑露明的木材构件应当进行防火处理。其中受力构件应刷饰面型防火涂料，需要保护其天然纹理的构件可刷透明防火涂料。防火涂料的检验按国家标准《饰面型防火涂料通用技术条件》（GB 12441—1998）中的指标要求进行。

因阻燃处理会对木构件物理性能产生影响，因此不受力构件可进行木构件阻燃处理。进行阻燃处理的构件基材应进行浸渍处理或高压浸渍处理，经过处理的构件应达到《建筑材料难燃性能分级方法》（GB 8624—1997）中B1级材料标准。

（2）电气设施防火与阻燃技术要求

传统村镇建筑中引入电缆必须为耐火电缆、矿物绝缘电缆或进行过阻燃处理的电缆。电缆槽盒应使用耐火电缆槽盒。电缆防火涂料应具有抗水性、抗酸碱性、防霉性和电缆防腐蚀性。

传统建筑内电气照明设施，应符合消防安全技术规程的要求。

[1] 张泽江，梅秀娟.古建筑消防[M].北京：化学工业出版社，2009.

[2] 张泽江，梅秀娟.古建筑消防[M].北京：化学工业出版社，2009.
李采芹，王铭珍.中国古建筑与消防[M].上海：上海科学技术出版社，2009.

严禁使用卤钨灯等高温照明灯具和电炉等电加热器；不准使用日光灯和大于60W的白炽灯；灯饰材料的燃烧性能不应低于B1级；灯具和灯泡不得靠近可燃物。

所有电气线路应一律采用铜芯绝缘导线，并采用阻燃PVC穿管保护或穿金属管敷设。不准直接敷设在梁、柱、枋等可燃构件上，严禁乱拉乱接电线。

配线方式一般应以一户为一个单独的分支回路，独立设置控制开关，以便在人员离开时切断电源。控制开关、熔断器均应安装在专门的不燃配电箱内，配电箱应设在室外。严禁使用铜丝、铁丝、铝丝等代替熔丝。所有安装了电气线路和设备的木结构或砖木结构建筑，宜设置漏电火灾报警系统。

没有安装电器设备的传统建筑，如临时需要使用电气照明或其他电气设备，也必须办理临时用电申请审批手续。经批准后由正式电工安装，到批准期限结束，即行拆除。

（3）其他防火与阻燃技术要求

传统村镇建筑修复与维护过程使用的胶黏剂应为阻燃胶黏剂。建筑中各种贯穿物（电缆、风管、油管、气管）穿过墙壁、楼板处应使用防火堵料、阻火包、阻火圈等进行封堵。建筑门窗应使用防火密封条进行封堵。

2. 防排烟及防火技术要求

（1）防火分区划分要求

传统村镇建筑防火分区可参照《建筑设计防火规范》（GB 50016—2006）执行。除此之外尚应满足下列要求：

①用作人员疏散的楼梯、走道，应保持畅通无阻，并设有应急照明。

②在同一个建筑物内，各危险区域之间、不同用户之间、不同功能用房之间，应该进行防火分隔处理。

③各建筑群应尽量设置独立的防火单元，保证内部或在产生的

烟与火不蔓延到相邻场所。

④有特殊防火要求的传统村镇建筑（如博物馆等）在防火分区之内上应设置更小的防火区域。

（2）防火分隔技术要求

当建筑由于建筑群连续性的要求等原因，无法设防火墙时，可设防火分隔带（以下简称防火带）。防火带的具体做法是：在有可燃构件的建筑物中间划出一段区域，将这个区域内的建筑构件全部改用不燃性材料，并采取措施阻挡防火带一侧的火蔓延至另一侧，从而起到防火分隔的作用。

（3）防火带的设置要求如下

①防火带中的屋顶结构应用不燃性材料制作，其宽度不应小于6m，并高处相邻屋脊0.7m。

②防火带宜设置在传统村镇建筑的通道部位，以利于火灾时的安全疏散和扑救工作。

③防火带下不应堆放可燃物，或搭建可燃建（构）筑物；防火带附近不宜堆放可燃物品，或搭建可燃建（构）筑物。

（4）防火带的设计应与传统村镇的整体风貌相协调

除此之外，也可设置室内防火隔离带。在不便于设置防火墙、防火卷帘的大空间场所，根据室内物质的火灾危险性，设置一定宽度的空间距离作为防火隔离带，阻止火灾连续蔓延。在防火隔离带内不得采用可燃物装修，不得布置展位和堆放可燃物。严禁在传统建筑附近乱搭乱建建筑，尤其不准堵塞消防通道及连接防火分隔两端的建筑。

3．监控及自动报警技术要求

（1）电气火灾监控技术要求

传统村镇应依据防火分区划分设置剩余电流式及感温式电气火灾监控系统。每个防火分区或几个防火分区应设置消防值班室对火灾监控系统统一监控。

（2）火灾自动报警技术要求

传统村镇应根据防火分区划分火灾自动报警区域和探测区域。

一个报警区域可由一个防火分区或同楼层相邻的几个防火分区组成，但同一个防火分区不能在两个不同的报警区域内；同一个报警区域也不能保护不同楼层的几个不同的防火分区。

火灾报警区域应划分成多个探测区域，一般一个探测区域对应的系统中具有一个独立的部位编号。每个探测区域面积不宜超过500m^2。

对于非重点保护建筑，如果相邻房间不超过5个，总面积不超过400m^2，应在每个门口设有灯光显示装置。相邻房间不超过10个，总面积不超过1000m^2，为保证在发生火灾时能使建筑物内人员安全疏散，减少人员伤亡，对敞开、封闭楼梯间、走道、建筑物闷顶、夹层等部位，应分别单独划分探测区域。

传统村镇宜根据防火分区划分设置集中报警系统或控制中心报警系统。为防止自动报警系统发生漏报误报，宜选择感烟、感温和火焰探测器组合，建议使用极早期烟雾探测报警系统或红外线烟雾探测报警系统。安装自动报警系统应注意以下事项：

①传统村镇建筑中每个独立的重要场所应作为一个防火分区，设置火灾探测器、手动火灾报警按钮，区域报警控制器最好设在有人值班或值班人员经常管理的地方。

②感烟、感温、火焰探测器都有一定的安装高度，超过这一高度，探测器就会失效。感烟探测器的安装高度一般在12m以下。感温探测器的安装高度视其灵敏度而定。一级灵敏度的探测器不超过8m，二级不超过6m，三级不超过4m。应将格雷探测器的灵敏度调高。防止低处用高灵敏度探测器造成误报，高处用低灵敏度探测器造成迟报或漏报。

③火灾探测器宜水平安装，在0.5m范围内不应有遮挡物。当必须倾斜安装时，倾斜角不应大于45°，否则要加装木台并将探测

器设置在木台上。

④当探测器安装在传统村镇建筑内不同坡度的顶棚上时，随着顶棚坡度的增大，烟雾在斜顶棚和屋脊处的聚集量会增大，使得安装在屋脊的探测器进烟或接触热气流机会增大，因此探测器的保护半径可相应增大。

⑤自动报警系统应设置主电源和直流备用电源。

⑥传统村镇建筑内的传输线路要按规定布线，但应尽可能不影响原建筑的外观效果。

⑦对于木造大房檐传统村镇建筑物，房檐下设置探测器能够有效早期探测到临近火焰的燃烧蔓延。

（3）消防给水系统技术要求

消防给水系统应事先设置好消防水源。消防水源通常分为人工水源和天然水源两大类。人工水源是指人工修建的给水管网、水池、水井、沟渠、水库等。天然水源又称地表水源，是有地理条件自然形成的可供灭火救援时取水的场所，如河流、海洋、湖泊、池塘、溪沟等。

传统村镇应加强消防水源及给水设备建设，保证消防用水需要，尤其是应抓好消防给水管网、消火栓及消防水池等人工水源的新建与改建。

①按规定配置消火栓。应在完善消防给水系统的基础上，按规划合理设置消火栓。室外消火栓、阀门、消防水泵接合器等设置地点应设置相应的永久性固定标识。

②室外消火栓应沿道路设置。室外消火栓宜采用地上式消火栓。地上消火栓应有1个DN150或DN100和2个DN65的栓口。采用室外地下式消火栓时，应有DN100和DN65的栓口各1个。寒冷地区设置的室外消火栓应有防冻措施。

③在郊野、山区中的传统建筑，以及消防供水管网不能满足消防用水的地区，应修建消防水池，配备消防手抬泵、水枪和水带。

消防水池的储水量应满足扑救一次火灾，持续时间不应小于3h的用水量（即消防水池的容量应为室内外消防用水量与火灾延续时间的乘积）。

消防水池的补水时间（即从无水到完全注满所需时间）不宜大于48h；缺水地区可延长到96h。在通消防车的地方，水池周围应设有消防车道，并有供消防车回旋停靠的余地；供消防车取水的消防水池，应设置取水口或取水井，且吸水高度不应大于6.0m；取水口或取水井与建筑物（水泵房除外）的距离不宜小于15m。

地处山区的传统建筑及所处位置较高的建筑及建筑群，应设置加压送水装置，包括电动泵、可移动泵以及与一般给水系统兼用泵等。为确保供水时间，加压送水装置可采用备用设备等交替方式等。除此之外，也可利用地形优势修建山顶高位消防水池，从山顶等高处的储水槽利用落差或虹吸方式供水，形成常高压消防给水系统。此种供水方式必须将高压减至适当压力后供水，亦应考虑水管断裂和破损情况，在主要地方设置紧急阻断阀等。在寒冷地区，消防水池还应采取防冻措施。

④应充分利用天然水源。在有河流、湖泊等天然水源可以利用的地方，应修建消防码头，供消防车停靠汲水；在消防车无法到达的地方，应设固定或移动的消防泵取水处。与此同时，为了能及时就近取水扑灭初期火灾，准备一些消防水缸、水桶并经常保持装满水仍是简便必要可用的措施。

3.4.7.2　木材的防腐、防虫

1. 为防止传统村镇建筑木结构受潮腐朽或遭受虫蛀，维修时应采取下列措施。

（1）从构造上改善通风防潮条件，使木结构经常保持干燥；

（2）对易受潮腐朽或遭虫蛀的木结构用防腐防虫药剂进行处理。

2. 传统村镇建筑木结构使用的防腐防虫药剂应符合下列要求。

（1）应能防腐，又能杀虫，或对害虫有驱避作用，且药效高而持久；

（2）对人畜无害，不污染环境；

（3）对木材无助燃、起霜或腐蚀作用。

3．屋面木基层的防腐和防虫，应以木材与灰背接触的部位和易受雨水浸湿的构件为重点，并按下列方法进行处理。

（1）对望板、扶脊木、角梁及由戗等的上表面，宜用喷涂法处理；

（2）对角梁、檐椽和封檐板等构件，宜用压注法处理；

（3）不得采用含氟化钠和五氯酚钠的药剂处理灰背屋顶。

4．传统村镇建筑中小木作部分的防腐或防虫，应采用速效、无害、无臭、无刺激性的药剂。处理时可采用下列方法。

（1）门窗：可采用针注法重点处理其榫头部位。必要时，还可用喷涂法处理其余部位。新配门窗材若为易虫腐的树种，可采用压注法处理。

（2）天花、藻井：其下表面易受粉蠹危害，宜采用熏蒸法处理；其上表面易受菌腐，宜采用压注喷雾法处理。

（3）对其他做工精致的小木作，宜用菊酯或加有防腐香料的微量药剂以针注或喷涂的方法进行处理。

3.4.7.3 传统村镇排水与防洪保护技术措施

传统村镇建筑保护修复的同时，应对排水防洪的整治引起重视，以减轻和消除建筑物的侵蚀酥碱和洪水隐患。

1．建立历史水文资料档案

测量和记录地下水位及冻土层深度，收集历史上洪水发生记录，计算排水量，并根据数据进行调整和预防。

2．防洪排水设施的日常维护与村镇地形修整

建立经常性清疏被淤土和垃圾淤塞的排水沟、泄洪沟制度；传统村镇的排水系统和地面进行标高测量和记录，并进行调整。调整大片场地的坡度，修整低洼场地，避免形成排水不畅和积水现象。

3.4.7.4 传统村镇建筑防雷技术

防雷技术，是指通过组成拦截、疏导最后泄放入地的一体化系统防护技术以防止直击雷或雷电电磁脉冲对建筑物本身或其内部设备造成损害。传统建筑防雷措施应根据国家现行《建筑物防雷设计规范》（GB 50057—1994）设置避雷针、避雷线、避雷带、避雷网等避雷设施。

传统村镇建筑防雷保护具体措施：

（1）正确选择和安装避雷设施，必须准确计算它的保护范围，屋顶和屋檐四周应在保护范围之内。无论是采用避雷针还是避雷带的安装方式，均应注意引下线在建筑屋檐的弯曲处，尽量减少弯曲，避免出现直角、锐角。采用避雷带，则应沿屋脊等突出的部位敷设。宜采用装设在建筑物上的避雷网（带）或避雷针或由其混合组成的接闪器。避雷网（带）应沿屋角、屋脊、屋檐和檐角等易受雷击的部位敷设，并应在整个屋面组成不大于10m×10m或12m×8m（网格密度按建筑物类别确定）的网格。所有避雷针应采用避雷带相互连接。

（2）防雷引下线不要过少，否则容易产生反击和二次灾害。引下线不应少于2根，即使建筑物长度短，引下线也不得少于2根，其间距不应大于24m。每根引下线的冲击接地电阻不应大于10Ω。防直击雷接地宜和防雷电感应、电气设备、信息系统等接地共用同一接地装置，并宜与埋地金属管道相连；当不共用、不相连时，两者间在地中的距离不应小于2m。在共用接地装置与埋地金属管道相连的情况下，接地装置宜围绕建筑物敷设成环形接地体。

（3）接地体及其电阻应符合安全要求，接地体应就近埋设，不宜距保护建筑太远，以减小防雷装置的反击电压，可避免造成放电引发火灾的危险。为便于每根接地体的电阻的测试维护，应在防雷引下线与接地体间距地面1.8~2.0m处设断接卡子。接地体的电阻值应在10Ω以下。为降低雷电跨步电压对人体的危害，对宽度较窄的建筑物可采用水平周全式接地装置，并注意接地装置与地下管线路的安全距离。若达不到规范要求的一律连接成一体，构成均压接地网。当接地体距建筑物出入口或人行道小于3m时，接地体局部应深埋1m以下，若深埋有困难，则应敷设5~8cm厚的沥青层，其宽度应超过接地体2m。

（4）防雷导线与其他金属物应保持安全距离，防雷导线与进入室内的电气、通信线路、管线和其他金属物要避免相互交叉，必须保持一定距离，防止产生反击引起雷电二次灾害。室外架空线路进入室内之前，应加装避雷器或采取放电间隙等保护措施。

（5）安装节日彩灯必须采取安全措施，节日彩灯与避雷带平行时，避雷带应高出彩灯顶部30cm，避雷带支持卡子的厚度应大一些。彩灯线路由建筑物上部供电时，应在线路进入建筑的入口端，装设低压阀型避雷器，其接地线应与避雷引下线相连接。

（6）坚持定期专门检测维护，在每年雷雨季节前，应组织专门人员对避雷设施进行专门检测维护，以确保性能完好有效。

参考文献

[1] Pendlebury J. The conservation of historic areas in the UK: A case study of "Grainger Town" , New-castle up on Tyne[J]. Cities, 1999, 16(6).

[2] Kozlowski J, Vass-Bowen N. Buffering external threats to heritage conservation areas: a planner's perspective[J]. Landscape and Urban Planning, 1997, (37).

[3] Marinos A, 张恺. Practice in reappearance of the value of urban cultural heritage in France[J]. 时代建筑，2003, 3.

[4] Larkham PJ. The place of urban conservation in the UK reconstruction plans of 1942-1952[J]. Planning Persperctives, 2003, 18(7).

[5] 藤井明(日). 聚落探访[M]. 北京: 中国建筑工业出版社, 2003.

[6] 原广司(日). 世界聚落的教士100[M]. 北京: 中国建筑工业出版社, 2003.

[7] Saleh MAE. The decline vs the rise of architectural and urban forms in the vernacular villages of southwest Saudi Arabia[J]. Building and Environment, 2001, (36).

[8] 阮仪三，邵甬. 江南水乡古镇的特色与保护[J].同济大学学报，1996, 1.

[9] 阮仪三，邵甬. 精益求精返璞归真——周庄古镇保护规划[J].城市规划，1999, 7.

[10] 吴晓勤，陈安生，万国庆. 世界文化遗产——皖南古村落特色探讨[J].建筑学报，2001, 8.

[11] 田利. 廿八都镇保护规划的实践与思考[J]. 规划师，2004, 4.

[12] 王雅捷. 城市设计在传统地区保护规划中的应用——以户部山传统民居保护区规划为例[J]. 北京规划建设，2001, 3.

[13] 朱光亚. 古村镇保护规划若干问题讨论[J]. 小城镇建设，2002, 2.

[14] 赵勇，崔建甫. 历史文化村镇保护规划研究 [J]. 历史文化村镇保护规划研究，2004, 8.

[15] 李晓峰. 从生态学观点探讨传统聚居特征及承传与发展 [J]. 华中建筑，1996, 4.

[16] 朱光亚，黄滋. 保护与发展的矛盾冲突及其统筹规划——古村落保护问题探讨及其它 [C]. 中国文物学会传统建筑园林委员会. 第十一届学术研讨会论文集，1998.

[17] 朱晓明. 试论古村落的土地整理问题 [J]. 小城镇建设，2000, 5.

[18] 赵万民，韦小军，王萍，赵炜. 龚滩古镇的保护与发展——山地人居环境建设研究之一 [J]. 华中建筑，2001, 2.

[19] 赵万民，许剑锋，段炼等. 龙潭古镇的保护与发展——山地人居环境建设研究之二 [J]. 华中建筑，2001, 3.

[20] 孙斐，沙润，周年兴. 苏南水乡村镇传统建筑景观的保护与创新 [J]. 人文地理，2002, 17.

[21] 宋乐平，张大鹏，谢丽，周琪. 周庄镇水污染控制规划实例 [J]. 给水排水，2002, 10.

[22] 汪森强. 历史与现代的共生——世界文化遗产宏村保护与利用综合分析 [J]. 小城镇建设，2003, 4.

[23] 孔岚兰. 古村落的现状不容乐观 [J]. 城乡建设，2003, 9.

[24] 张永龙. 里耶镇历史街区建筑和环境保护的思考 [J]. 中国园林，2003, 11.

[25] 李和平. 山地历史城镇的整体性保护方法研究——以重庆涞滩古镇为例 [J]. 城市规划，2003, 12.

[26] 李泽新. 从安居看山地历史城镇的保护与发展 [J]. 规划师，2003, 2.

[27] 卜工. 文明起源的中国模式 [M]. 北京：科学出版社，2007.

[28] 邹昌林. 中国礼文化 [M]. 北京：社会科学文献出版社，2000.

[29] 贺业钜. 考工记营国制度研究 [M]. 北京：中国建筑工业出版社，1985.

[30] 李学勤. 周礼注疏 [M]. 北京：北京大学出版社，1999.

[31] 张杰，邓翔宇. 论聚落遗产与文化景观的系统保护 [J]. 城市与区域规划研究，2008, 1.

[32] 单霁翔. 从“文物保护”走向“文化遗产保护” [M]. 天津：天津大学出版社，2008.

[33] 张松. 历史城市保护学导论——文化遗产和历史环境保护的一种整体性方法 [M]. 北京：科学出版社，2001.

[34] 古建筑木结构维护与加固技术规范（GB 50165—92）[S]. 四川：四川省建筑科学研究院，1992.

[35] 建筑设计防火规范（GB 50016—2006）[S]. 北京：中华人民共和国公安部，2006.

[36] 罗哲文. 中国古代建筑 [M]. 上海：上海古籍出版社，2001.

[37] 张松. 历史城市保护学导论 [M]. 上海：同济大学出版社，2008.

[38] 朱良文，肖晶. 丽江古城传统民居保护维修手册 [M]. 昆明：云南科技出版社，2006.

[39] 杜仙洲. 中国古建筑修缮技术 [M]. 北京：中国建筑工业出版社，2008.

[40] 陈允适. 古建筑木结构与木质文物保护 [M]. 北京：中国建筑工业出版社，2008.

[41] 张泽江，梅秀娟. 古建筑消防 [M]. 北京：化学工业出版社，2009.

[42] 黎小容. 台湾地区文物建筑保护技术与实务 [M]. 北京：清华大学出版社，2008.

[43] 车震宇. 传统村落旅游开发与形态变化 [M]. 北京：科学出版社，2008.

[44] 陆地. 建筑的生与死——历史性建筑再利用研究解读 [M]. 南京：东南大学出版社，2004.

[45] 刘森林. 中华民居——传统住宅建筑分析 [M]. 上海：同济大学出版社，2009.

[46] 孙大章. 中国民居之美[M]. 北京：中国建筑工业出版社，2011.

[47] 历史文化名城保护规划规范（GB 50357—2005）[S]. 北京：中华人民共和国建设部，2005.

[48] 张杰. 旧城遗产保护制度中"原真性"的谬误与真理[J]. 城市规划，2007，11.

[49] 常青. 历史建筑修复的"真实性"批判[J]. 时代建筑，2009, 5.

[50] 乔迅翔. "原状"释义[J]. 南方建筑，2004, 8.

[51] 王景慧. "真实性"和"原真性"[J]. 城市规划，2009, 11.

[52] 林源. 关于建筑遗产的原真性概念[C]. 2007第十五届中国民居学术研讨会论文集，2007.

[53] 卢永毅. 历史保护与原真性的困惑[J]. 同济大学学报，2006, 5.

[54] 陆地.《历史性木结构保存原则》解读[J]. 建筑学报，2007, 12.

[55] 邹青. 关于建筑历史遗产保护"原真性原则"的理论探讨[J]. 南方建筑，2008, 2.

[56] A+C，朱光亚. 历史遗产保护的关键词是"原真性"[J]. 建筑与文化，2008, 9.

[57] 金麒，王明非. 城市传统民居的保护与再利用——以苏州平江路31号改造为例[J]. 福建建筑，2010, 6.

[58] 魏江苑，王鑫. 传统住区更新中情感延续的思考[J]. 规划师，2003, 8.

[59] 周俭，黄勇. 低成本传统民居改建探究——以同里镇鱼行街168号民居改建为例[J]. 城市建筑，2006, 12.

[60] 王小东，刘静，倪一丁. 喀什高台民居的抗震改造与风貌保护[J]. 建筑学报，2010, 3.

[61] 李哲，柳肃. 湘西侗族传统民居现代适应性技术体系研究[J]. 建筑学报，2010, 3.

[62] 程海帆，朱良文，顾奇伟. 丽江古城建设控制区的保护性城市设计初探[C]. 2010中国城市规划年会论文集，2010.

[63] 单德启. 论中国传统民居村寨集落的改造[J]. 建筑学报，1992，4.

[64] 褚俊英，梁海学. 矿渣——桐油——糯米汁生土墙材性能研究[J]. 科技信息，2008, 10.

[65] 杨秉旺. 浅析山区生土结构房屋墙体裂缝的成因及预防措施[J]. 中国新技术新产品，2009, 2.

[66] 韩俊艳，吕书克，孙云普，陈红旗. 山区生土结构房屋裂缝分析及防治建议[J]. 小城镇建设，2008, 4.

[67] 张波. 生土建筑墙体改性材料探讨[J]. 攀枝花学院学报，2010, 6.

[68] 阿肯江托呼提，阿里木江马克苏提，王墩. 生土坯建筑抗震加固研究综述[J]. 新疆大学学报(自然科学版)，2008, 5.

[69] 后藤治. 日本都市历史建筑物的保护[J]. 北京规划建设，2007, 9.

[70] 张松. 日本历史环境保护的理论与实践[J]. 清华大学学报(自然科学版)，2000, 12.

[71] 宋丽宏. 探析中国传统木构建筑保护的真实性[D]. 昆明：昆明理工大学，2006.

[72] 成斌. 皖南古村镇遗产保护的真实性研究[D]. 武汉：武汉大学，2004.

[73] 李海峰. 沙溪白族传统民居及其改造方式探讨[D]. 昆明：昆明理工大学，2006.

[74] 赵志芳. 历史文化村落的保护与利用[D]. 太原：太原理工大学，2005.

[75] 黄建涛. 近代历史建筑的修复技术研究[D]. 武汉：武汉理工大学，2006.

[76] 汝军红. 历史建筑保护导则与保护技术研究[D]. 天津：天津大学，2007.

[77] 薛奕. 木结构古建筑防火改造技术研究[D]. 天津：天津大学，2007.

[78] 戴超. 中国木构古建筑消防技术保护体系初探[D]. 上海：同济大

学，2007.

[79] 城市电力规划规范（GB/50293—1999）[S]. 北京：中华人民共和国建设部，1999.

[80] 城市热力网设计规范（CJJ34—2002）[S]. 北京：中华人民共和国建设部，2002.

[81] 陆元鼎，杨谷生. 中国民居建筑[M]. 广州：华南理工大学出版社，2002.

[82] 住宅建筑规范（GB 50368—2005）[S]. 北京：中国建筑工业出版社，2006.

[83] 建筑采光设计标准（GB/T 50033—2001）[S]. 北京：中国建筑工业出版社，2001.

[84] 天门市城乡规划（测绘）在线政策法规[EB/OL]. [2006-12-17]. http://www. tmgh.gov.cn/Web/Article/2009/04/17/1107517031.aspx.

[85] 村镇规划标准（GB 50188—93）[S]. 北京：中国建筑设计研究院出版社，中国建筑工业出版社，1993.

[86] 污水综合排放标准（GB 8978—1996）[S]. 北京：中国环境科学出版社，1997.

[87] 农田灌溉水质标准（GB 5084—2005）[S]. 北京：中国标准出版社，2005.

[88] 中国航天建筑设计研究院. 砖砌化粪池[M]. 北京：中国标准建筑设计研究所，2002.

[89] 中国国家统计局官网第五次人口普查数据（2000年）[EB/OL]. [2008-01-04]. http://www. stats. gov. cn/tjsj/ndsj/renkoupucha/2000pucha/pucha.htm.

[90] 人工湿地污水处理工程技术规范（HJ 2005—2010）[S]. 北京：中国环境科学出版社，2010.

[91] 农村家用沼气发酵工艺规程（GB 9958—88）[S]. 北京：中国农业出版社，1988.

[92] 农村沼气“一池三改”技术规范（NY/T 1639—2008）[S]. 北京：中国农业出版社，2008.

[93] 国家技术监督局，中华人民共和国建设部. 古建筑木结构维护与加固技术规范（GB 50165—92）[S], 1992.

[94] 世界文化遗产丽江古城保护管理局，昆明本土建筑设计研究所. 世界文化遗产丽江古城保护技术丛书——丽江古城传统民居保护维修手册[M]. 昆明：云南出版集团公司，云南科技出版社，2006.

[95] 赵勇. 中国历史文化名镇名村保护理论与方法[M]. 北京：中国建筑工业出版社，2008.

[96] 刘大可. 中国古建筑瓦石营法[M]. 北京：中国建筑工业出版社，1993.

编写人员名单

国家“十一五”科技支撑计划子课题

《传统村落保护与更新关键技术研究》研究组

张　杰　张军民　霍晓卫

高宜生　邓庆坦　顾晓明

张晶晶　栾　博　段　文

陆祥宇　赵　勇